21世纪高等学校系列教材

电气制图与
3D箱柜布线设计实践

主　编　艾克木·尼牙孜　徐春霞

副主编　陆立松　葛跃田　吐尔尼沙·热依木

编　写　谢　波　常荣胜　杜　群　艾克拜尔·艾尔肯

　　　　图如普·图尔迪麦提

主　审　冯林桥

中国电力出版社

CHINA ELECTRIC POWER PRESS

内 容 提 要

本书属于电气CAD实践类图书,采用项目化教学的写作模式,涵盖全部的应用型知识点。书中详细介绍了几种常用电气制图软件的使用方法。编写本书的目的是使被培养者能够综合运用所学识图、制图知识及技能分析并解决专业范围内的工程问题,建立正确的设计思路,掌握一般工程的设计方法。

本书前3个项目主要阐述电气制图基础知识、常用电气制图软件与使用和电气图的绘制,项目4至项目13均以案例的形式着重阐述了如何利用Eplan P8软件在电气箱柜3D的设计与应用,且每个章节都配套电气控制原理图、电气元件实物图和3D图进行分析。

本书适用于应用型本科,高、中等职业技术以及技术技工类学校相关电气自动化、自动化控制、控制工程、信息技术、计算机工程类专业教材。

图书在版编目(CIP)数据

电气制图与3D箱柜布线设计实践/艾克木·尼牙孜,徐春霞主编. —北京:中国电力出版社,2015.9(2025.2重印)
21世纪高等学校规划教材
ISBN 978-7-5123-8140-7

Ⅰ.①电… Ⅱ.①艾…②徐… Ⅲ.①电气制图-高等学校-教材 Ⅳ.①TM02

中国版本图书馆CIP数据核字(2015)第183879号

中国电力出版社出版、发行
(北京市东城区北京站西街19号 100005 http://www.cepp.sgcc.com.cn)
北京九州迅驰传媒文化有限公司印刷
各地新华书店经售

*

2015年9月第一版 2025年2月北京第三次印刷
787毫米×1092毫米 16开本 16.75印张 405千字
定价34.00元

前　言

　　《电气制图与 3D 箱柜布线设计实践》属于电气 CAD 实践类图书，采用项目化教学的写作模式，涵盖全部应用型知识点。本书详细介绍了几种常用电气制图软件的使用方法，例如：诚创电气 CAD、Auto CAD Electrical、SuperWorks 以及 Eplan P8。采用案例的方式重点阐述了 Eplan P8 软件在电气箱柜 3D 设计上的应用，包括使用者自己如何制作 Eplan 的 3D 宏，利用使用者自己创建的符号设计电气图及 3D 箱柜等。编著本书的目的是使被培养者能够综合运用所学识图、制图知识及技能分析并解决专业范围内的工程问题，建立正确的设计思路，掌握一般工程的设计方法。目前电气制图与电气箱柜 3D 设计的参考资源较少，电气图样、图纸的设计与制图软件的更新又日新月异，因此编著本书非常有实用价值。

　　为增强本书的可读性，在章节安排上都设置了项目概述，使读者能够快速掌握每章节的重点、难点。在内容安排上，由浅入深、循序渐进，前 3 个项目主要阐述电气制图基础知识、常用电气制图软件与使用和电气图的绘制，项目 4 至项目 13 均以案例的形式着重阐述了如何利用 Eplan P8 软件在电气箱柜 3D 的设计与应用，且每个章节都配套电气控制原理图、电气元件实物图和 3D 图进行分析，有助于读者掌握抽象的制图知识点。同时与该书配套的"电气识图与制图"自治区精品课网站和 3D 标准化的图库均已完成，并且数字化上网。

　　本书由克拉玛依职业技术学院艾克木·尼牙孜、徐春霞任主编，陆立松、葛跃田、吐尔尼沙·热依木任副主编，参加编写的有克拉玛依职业技术学院的谢波、常荣胜、杜群，岳普湖县中等职业技术学校的艾克拜尔·艾尔肯和喀什地区泽普县职业技术高中的图如普·图尔迪麦提。全书由艾克木·尼牙孜统稿。

　　本书适用于应用型本科、高、中等职业技术及技术技工类学校相关电气自动化、自动化控制、控制工程、信息技术、计算机工程类专业。

　　由于时间仓促，编者水平有限，书中难免疏漏和不妥之处，恳请读者批评指正。在编著过程中，参考了大量书籍技术资料，在此一并表示衷心感谢！

编　者

2015 年 5 月

目　　录

前言

项目 1　电气制图基础………………………………………………………………… 1

　　项目概述 …………………………………………………………………………… 1

　　指导性学习计划 …………………………………………………………………… 1

　　任务 1.1　电气图的种类和特点 ………………………………………………… 1

　　任务 1.2　电气图中的符号 ……………………………………………………… 10

　　任务 1.3　电气符号的组合 ……………………………………………………… 15

　　任务 1.4　结合具体电路简述文字符号和图形符号的使用 …………………… 18

　　任务 1.5　电气图的规范与标准 ………………………………………………… 18

项目 2　常用电气制图软件与使用………………………………………………… 27

　　项目概述 …………………………………………………………………………… 27

　　指导性学习计划 …………………………………………………………………… 27

　　任务 2.1　常用电气制图软件 …………………………………………………… 27

　　任务 2.2　电气制图软件的使用 ………………………………………………… 30

项目 3　电气图的绘制………………………………………………………………… 106

　　项目概述 …………………………………………………………………………… 106

　　指导性学习计划 …………………………………………………………………… 106

　　任务 3.1　电气原理图的绘制 …………………………………………………… 106

　　任务 3.2　电器元件布置图的绘制 ……………………………………………… 108

　　任务 3.3　电气接线图的绘制 …………………………………………………… 109

　　任务 3.4　元器件及材料清单的汇总 …………………………………………… 116

　　任务 3.5　端子接线表的绘制 …………………………………………………… 117

项目 4　鼓风机的电气图与 3D 箱柜设计………………………………………… 119

　　项目概述 …………………………………………………………………………… 119

　　指导性学习计划 …………………………………………………………………… 119

　　任务 4.1　常用工具箱和导航器 ………………………………………………… 119

　　任务 4.2　电气图设计 …………………………………………………………… 122

　　任务 4.3　报表生成 ……………………………………………………………… 131

　　任务 4.4　设计 3D 箱柜 ………………………………………………………… 136

项目 5 挖掘 Eplan 的 3D 宏 ·· 142

　　项目概述 ·· 142

　　指导性学习计划 ·· 142

　　　任务 5.1 电气设备 3D 宏信息的查询方法 ·························· 142

　　　任务 5.2 Eplan 中一些常用电气设备 3D 宏信息 ··············· 144

项目 6 电动葫芦的电气图与 3D 箱柜设计 ······················· 151

　　项目概述 ·· 151

　　指导性学习计划 ·· 151

　　　任务 6.1 电动葫芦电气图设计 ··· 151

　　　任务 6.2 设计箱柜 ··· 165

　　　任务 6.3 生成报表 ··· 171

项目 7 星-三角形降压起动控制电路的电气图与 3D 箱柜设计 ······· 175

　　项目概述 ·· 175

　　指导性学习计划 ·· 175

　　　任务 7.1 电气图设计 ·· 175

　　　任务 7.2 3D 箱柜设计 ·· 181

项目 8 顺序起动逆序停止控制电路的电气图及 3D 箱柜设计 ········ 187

　　项目概述 ·· 187

　　指导性学习计划 ·· 187

　　　任务 8.1 设计电气图 ·· 187

　　　任务 8.2 生成各种报表 ··· 188

　　　任务 8.3 设计箱柜 ··· 188

项目 9 制作 3D 宏及完善部件的 3D 信息 ······················· 193

　　项目概述 ·· 193

　　指导性学习计划 ·· 193

　　　任务 9.1 交流接触器 3D 宏的制作 ···································· 193

　　　任务 9.2 热继电器的 3D 宏制作 ······································· 198

　　　任务 9.3 完善部件的 3D 宏信息 ······································· 202

　　　任务 9.4 自己制作的 3D 宏和部件设计一个完整的项目 ········· 209

　　　任务 9.5 3D 箱柜设计 ·· 213

项目 10 西门子 PLC 控制送料小车的电气图及 3D 箱柜设计 ······· 216

　　项目概述 ·· 216

　　指导性学习计划 ·· 216

  任务 10.1 原理图设计 ··· 216

  任务 10.2 3D 箱柜设计 ·· 218

项目 11 三菱 PLC 控制 3 台电动机的电气图及 3D 箱柜设计 ················ 220

  项目概述 ·· 220

  指导性学习计划 ··· 220

  任务 11.1 电气图设计 ·· 220

  任务 11.2 3D 箱柜设计 ·· 222

项目 12 利用使用者创建的符号设计电气图及 3D 箱柜 ····················· 225

  项目概述 ·· 225

  指导性学习计划 ··· 225

  任务 12.1 原理图符号制作 ······································· 225

  任务 12.2 使用自制符号 ··· 231

项目 13 PLC 控制的水泵的电气图及 3D 箱柜设计 ······················· 234

  项目概述 ·· 234

  指导性学习计划 ··· 234

  任务 13.1 电气图设计 ·· 234

  任务 13.2 生成各种报表 ··· 246

  任务 13.3 3D 箱柜设计 ·· 248

参考文献 ·· 258

项目1 电气制图基础

📖 **项目概述**

本项目中主要介绍电气图的基本知识，包括电气图的种类和特点，电气图中的符号、电气符号的组合使用，绘制电气工程图需要遵守的规范。因为电气工程图的规范性，设计人员可以大量借鉴以前的工作成果，将旧图样中使用的标题栏、表格、元器件符号甚至经典线路搬到新图样中，稍加修改即可使用。电气制图应根据国家标准，用规定的图形符号、文字符号以及规定的画法绘制，本项目中采用了 GB/T 4728—2008《电气简图用图形符号》标准。

🏫 **指导性学习计划**

学时	4
方法	(1) 利用多媒体方式进行学习； (2) 讲解和课件演示方法加深使用者对电气图的认识
重点	(1) 电气图的种类和特点，图形符号和文字符号，电气图形符号的国家标准，电气的符号表示法； (2) 电气图的标准与规范
难点	电气图形符号的理解
目标	(1) 熟悉电气图的分类：系统图或框图，电路原理图，接线图（实物接线图、单线接线图、互联接线图、端子接线图），电器元件布置图、元件明细表，接线表的概念和作用； (2) 了解电气图图形符号的含义，文字符号和图形符号的组合使用； (3) 了解电气图的规范与标准：电气图幅面的构成、格式、尺寸、标题栏、区分、字体高度、电气图用的图线、箭头、指引线、电气图的比例、电气图中接线端子、导线、连接线表示方法、触点索引

任务 1.1 电气图的种类和特点

电气图：用电气图形符号、带注释的围框或简化外形表示电气系统或设备中组成部分之间相互关系及其连接关系的一种图。广义地说是表明两个或两个以上变量之间的关系曲线，用以说明系统、成套装置或设备中各组成部分相互关系或连接关系，同时用以提供工作参数的表格、文字等也属于电气图。

1.1.1 电气图分类

电气图根据功能和使用场合不同分为不同类别，但具有某些共同特点，这些与建筑工程图、机械工程图不同。电气工程中常用的电气图包括：系统图和框图、电路原理图、等效电路图、接线图与接线表、元件明细表、电气元件布局图、仿真电路图等。

1. 系统图和框图

系统图和框图是用符号或带注释的框，概略的表示系统或分系统基本组成、相互关系及主要特征的一种简图。其共同点为都用符号或带注释的框来表示。区别为系统图通常用于表示系统或成套装置，而框图通常用于表示分系统或设备；系统图若标注项目代号，一般为

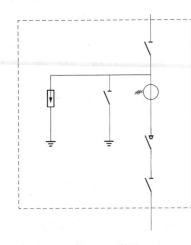

图 1-1　框图

高层代号，框图若标注项目代号，一般为种类代号。

作用：①作为进一步编制详细技术文件的依据；②供操作和维修时参考；③供有关部门了解设计对象的整体方案、简要工作原理和主要组成的概况。如能反映若干图形符号间连接关系的框图如图 1-1 所示。

2. 电路原理图

电路原理图指用图形符号绘制，并按工作顺序排列，详细表示电路、设备或成套装置的全部基本组成部分和连接关系，而不考虑其实际位置的一种简图，也称为电路图。电气原理图一般由主电路、控制执行电路、检测与保护电路、配电电路等几部分组成。由于电路图直接体现电路与电路元件结构之间的相互逻辑关系，所以一般用在设计、分析电路中。分析电路时，通过识别图纸上所画各种电路元件符号以及它们的连接方式，可以了解电路实际工作情况。简单的电路图还可以直接用于接线。因此，电路图是电气图中的一个大类，在各个不同专业领域内都得到广泛的应用。

电路的布图应突出表示功能的组合和性能。每个功能级都应以适当的方式加以区分，突出信息流及各级之间的功能关系。电路图中使用的图形符号，必须是其完整形式。电路图在充分表达的前提下，可以灵活地运用项目 3 中所介绍的各种画法，选择最适宜的表达方式。对于电路图中的某个部分，若属于常用的基础电路，则应按照国家标准所规定的模式画成。电路图应根据使用对象的不同需要，增注相应的各种补充信息，特别应该尽可能地考虑给出维修所需的各种详细资料。

电气控制电路的电路图在表达形式上有些方面与电子电路图不同，但在读图方法上并没有实质区别，如图 1-2 所示为一个双重联锁正反转控制电路的电路图。先看图的整体布局，图下方示出全图分为间隔不一的 6 个区，图上方示出主要设备的名称和功能，但并不与图下部的分区完全对应。三相交流电源以线条和端子符号表示，布置在图的左上方，按相序水平排列在图的左半边。电路第 2 区有 1 台交流电动机。图的右半边为控制电路，纵向排列，每个支电路各占一区。全图同类项目横向对齐或纵向对齐，排列整齐有序。图中的每个项目基本上都以双字母为其代号。注意 1 区内有 1 个自动开关，由于作用不同，双字母代号中的首字母也不同：首字母为 Q，起隔离开关作用；F 代表自动开关或保护器件。控制电路共有 2 个接触器 KM1 和 KM2，分别位于第 2 区和第 3 区，用于控制电动机的正转和反转。第 5 区上部的简表内已示出有 KM1 的三组主触点在第 2 区内，三组间有机械连接关系；有 2 个常开触点组，一组应用于第 5 区，另一组没有应用；另有 2 个常闭触点组，一组应用于第 6 组，另一组没有应用。电动机接有热继电器 FR 作过载保护，它的常闭触点均串接在主控制电路内，能起有效的保护作用。控制电路用 FU1 和 FU2 作为短路保护，电动机接有保护接地线 PE。SB1 为停止按钮，SB2 为正转启动按钮，SB2 与 KM1 的常开触点并联起正转自锁作用，保持电动机正转连续运行；SB3 为反转启动按钮，SB3 与 KM2 的常开触点并联起反转自锁作用，保持电动机反转连续运行。

3. 等效电路图

等效电路图指表示理论的或理想的元件及其连接关系的一种功能图，可供分析和计算电

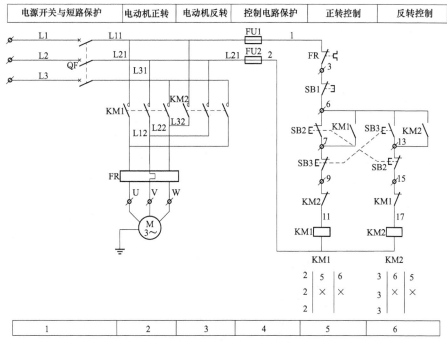

图 1-2　双重联锁正反转控制电路原理图

路特性和状态。等效电路图是电路图的一个小的分支或一部分，等效电路和原电路之间满足一定的等效关系时等效电路才能有效。等效电路图如图 1-3 所示。

绘制等效电路图之前，要对实际电路进行等效变换，把电路中的一部分变换成为另一种结构形式。只要保持没有变换的各部分的电流和电压不变，这个新的结构形式与其所代替的电路部分便为等效电路。就等效电路图的具体画法而言，它与一般电路图的画法无差异，其等效电路图的内容通常比等效前的电路简单。

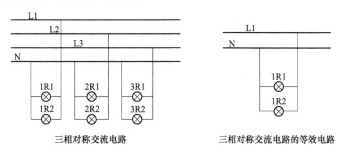

三相对称交流电路　　　　　　三相对称交流电路的等效电路

等效条件为 $U_{L1N}=U_{L2N}=U_{L3N}$；1R1=2R1=3R1；1R2=2R2=3R2

图 1-3　等效电路图

4. 接线图与接线表

接线图指用符号表示成套装置、设备或装置的内部、外部各种连接关系的一种简图，将简图的全部内容改用简表的形式表示，便成为接线表。接线图和接线表是表达相同内容的两种不同形式，因此两者的功能完全相同，可以单独使用，也可以组合在一起使用。主要用于安装接线、线路检查、线路维修和故障处理。在实际应用中，接线图通常要与电路图、位置图对照使用，以确保接线无误，或者可以通过电路图的分析，较快地寻找出故障点。

接线图中的各个项目，如基本件、部件、组件、设备、装置等应采用简化外形表示（如正方形、矩形、圆形或其组合）。必要时，也可以用图形符号表示，如两个端子间连接一个电容器或半导体管等。符号旁应标注项目代号（种类代号），并与电路图中的标注一致。接线图中的每个端子都必须标注出端子代号，与交流相位有关的各种端子应使用专门的标记作端子代号。此外，接线图中的连接导线与电缆一般也应标注线号或线缆号。接线图和接线表可以根据表达范围的不同进行分类，依次介绍如下。

（1）实物接线图。实物接线图指组成电气控制电路的各种电器元件按照实际位置和连接关系绘制的图样，其特征是实物的位置和连接关系非常直观。对没有学过电气制图与识图的初学者在掌握电气安装接线工艺方面起到很大的帮助作用，在不看端子编号和导线编号（或没有端子编号和导线编号）的情况下也可以安装和接线。但是实物接线图的绘制难度较大、花费时间长、没有统一标准、不符合国家标准。如果使用者不熟悉电气元器件的结构，各触点、线圈、接线端子的位置、工作状态、电器控制电路工作原理、接线工艺等方面的知识很难绘出。实物接线图是给使用者绘制的一种图，可以通过照相或实物描绘等方法绘制。双重联锁正反转控制电路的实物接线图如图1-4所示。

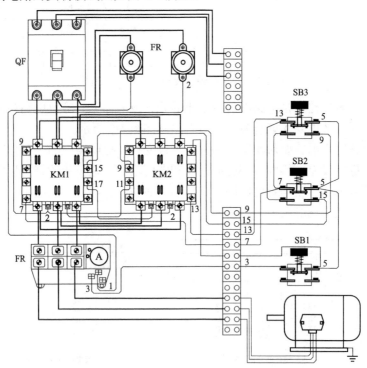

图1-4　双重联锁正反转控制电路的实物接线图

（2）端子接线图或端子接线表。端子接线图或端子接线表指成套装置或设备的端子以及接在端子上的外部接线（必要时包括内部接线）的一种接线图或接线表。

端子接线图的图面内容比较简单，只需画出单元或设备与外部连接的端子板端子即可。为方便接线，端子相对位置应与实际相符，所以多以实际接线面的视图方式画图，因为端子接线图只有画出连接线（电缆）的1个连接点，所以连接线的终端就有两种标记方式，一种是只作本端标记，另一种是只作远端标记。端子接线表的内容一般应包括电缆号、线号、端子代号等，端子接线图与接线表一致。双重联锁正反转控制电路的端子接线图如图1-5所示。

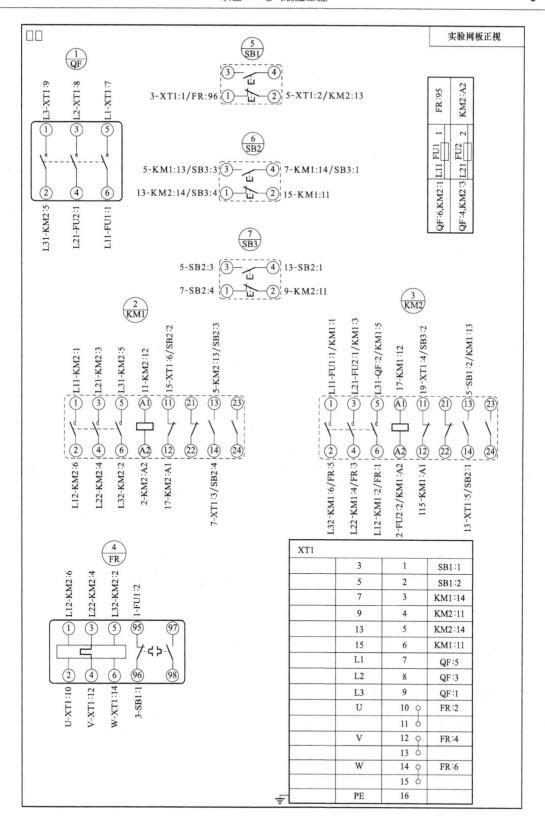

图 1-5 双重联锁正反转控制电路的端子接线图

端子接线表见表1-1。

表 1-1　　　　双重联锁正反转控制电路的端子接线表

序号	回路线号	起始端号	末端号	序号	回路线号	起始端号	末端号
1	L1	QF-5	XT1-7	19	L12	KM1-2	KM2-6
2	L2	QF-3	XT1-8	20	L21	KM1-3	KM2-3
3	L3	QF-1	XT1-9	21	L22	KM1-4	KM2-4
4	7	KM1-14	XT1-3	22	L31	KM1-5	KM2-5
5	15	KM1-11	XT1-6	23	L32	KM1-6	KM2-2
6	9	KM2-11	XT1-4	24	5	KM1-13	SB2-3
7	13	KM2-14	XT1-5	25	7	KM1-14	SB2-4
8	U	FR-2	XT1-10	26	15	KM1-11	SB2-2
9	V	FR-4	XT1-12	27	L12	KM2-6	FR-1
10	W	FR-6	XT1-14	28	L22	KM2-4	FR-3
11	3	SB1-1	XT1-1	29	L32	KM2-2	FR-5
12	5	SB1-2	XT1-2	30	5	KM2-13	SB1-2
13	L31	QF-2	KM2-5	31	13	KM2-14	SB2-1
14	3	KM1-A2	KM2-A2	32	9	KM2-11	SB3-2
15	5	KM1-13	KM2-13	33	3	FR-96	SB1-1
16	11	KM1-A1	KM2-12	34	5	SB2-3	SB3-3
17	17	KM1-12	KM2-A1	35	7	SB2-4	SB3-1
18	L11	KM1-1	KM2-1	36	13	SB2-1	SB3-4

（3）单线接线图。单线图指按照电气元器件的位置和连接导线走向绘制的一种图样，其特征是电气元器件的位置关系非常直观，但连接关系不是很直观。布线依靠导线编号和元件端子编号，如果没用端子编号和导线编号很难确定两个端子之间的连接关系。绘制单线图时两个端子之间的导线不必一一画出，除了引线端以外其他线并列走线，并列总线用一根单线表示，所以叫单线图。单线图的绘制比实物接线图简单、省时，所用的元件符号与原理图中的符号一致，与原理图不同之处是需要将一个电气元件的所有触点、线圈等结构绘制在一起，用实线框围起来，再按原理图绘制连线关系。用电气CAD绘制单线接线图时可以用软件自带的接线图符号和绘制导线功能完成，如图1-6所示。

（4）互连接线图或互连接线表。互连接线图或互连接线表用于表示成套装置或设备内各个不同单元与单元的连接情况，通常不包括所涉及单元内部连接，但可以给出与之有关的电路图或单元接线图的图号。互连接线图的布图比较简单，不必强调各单元之间的相对位置关系。各单元要画出点划线围框。各单元间的连接可用单线法表示（表示电缆），也可用多线法表示。图中需画出电缆的图形符号，并加注线缆号和电缆规格（以"芯数×截面"表示）。单线法表示可以用连续线，也可以用中断线，并局部加粗。双重联锁正反转控制电路的互联接线图如图1-7所示。

5．元件明细表

元件明细表是指对特定项目给出详细信息的表格，包括元件序号、元件名称、元件代号、元件型号、元件规格、元件价格、元件数量等信息。双重联锁正反转控制电路的元件明细表见表1-2。

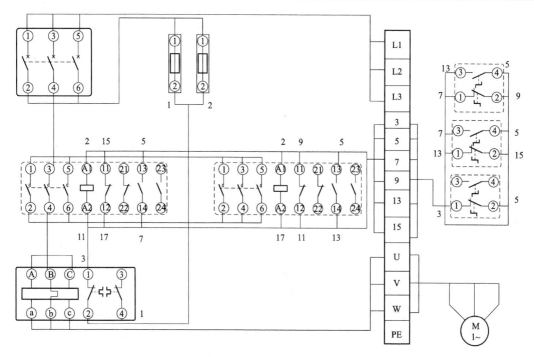

图 1-6　双重联锁正反转控制电路的单线接线图

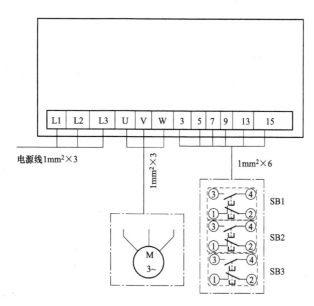

图 1-7　双重联锁正反转控制电路的互联接线图

表 1-2　　　　　　　双重联锁正反转控制电路的元件明细表

序号	代号	元件名称	型号规格	数量
1	FR	热继电器	JR20-100.1-0.15A	1
2	FU1，FU2	熔断器	RS	2
3	KM1，KM2	交流接触器	CJ20-10-AC380 辅助 2 开 2 闭；线圈电压 380V	2

续表

序号	代号	元件名称	型号规格	数量
4	QF	微型断路器	C45AD/3P 10A	1
5	SB1, SB2, SB3	按钮	LAY3-11 红/绿/黑/白	3
6	M	三相电动机	2.2kW/1430r/min	1

6. 布局图或位置图

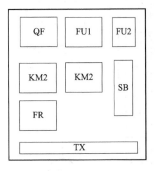

图 1-8　双重联锁正反转控制
电路的布局图

布局图或位置图指表示成套装置、设备或装置中各个项目的位置的一种简图，也可以叫作布局图，是用来表示一个区域或一个成套电气装置中的元件位置关系。以下位置图是按照使用者电气安装工艺实训时所有电器安装在实验网板上的位置绘制的。每个电器用一个实线框表示，线框内标注元件代号。双重联锁正反转控制电路的布局图如图 1-8 所示。

7. 仿真电路图

仿真电路图是用专用电气仿真软件绘制的可以在电脑上运行演示控制电路结构、工作原理、操作过程、连线方式、元件布局等的特殊电路图，类似于实物接线图，与实物接线图不同的是仿真电路图可以在绘制的软件环境中动态运行，而实物接线图是静态的，不能运行。用仿真电路图讲解电气控制电路的结构、连接关系、工作原理、端子连接关系，非常直观，使用者很容易理解。如图 1-9 所示。

8. 其他电气图

电气系统图、原理图、接线图、接线表、电气元件布局图是最主要的电气工程图，但在一些较复杂的电气工程中，为了补充详细说明某一局部工程，还需要使用一些特殊的电气图。

（1）目录和前言。目录便于检索图样，由序号、图样名称、编号、张数等构成。前言中包括设计说明、图例、设备材料明细表、工程经费概算等。

（2）大图样。大图样用于表示电气工程某一部件、构件结构，用于指导加工与安装，部分大样图为国家标准图。

（3）产品使用说明书。设计说明书主要在于阐述电气工程设计的依据、基本指导思想与原则，图样中未能清楚表明的工程特点、安装方法、工业要求、特殊设备的安装使用说明，以及有关的备注事项等的补充说明。

1.1.2　电气图的特点

1. 电气图的基本要素

电气图是阐述电路的工作原理，描述产品的构成和功能，提供装接和使用信息的重要工具和手段。电气系统、设备或装置通常由许多部件、组件、功能单元等组成。一般用一种图像符号描述和区别这些项目的名称、功能、状态、特征、相互关系、安装位置、电气连接等，不必画出其外形结构。

在一张图上，一类设备只用一种图形符号，如各种熔断器都用同一个符号表示。为了区别同一类设备中不同元器件的名称、功能、状态、特征以及安装位置，必须在符号旁边标注文字符号。

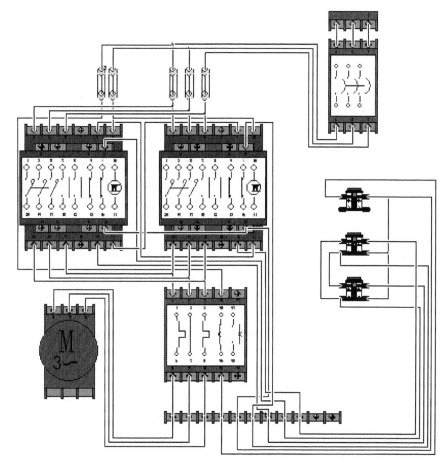

图 1-9　双重联锁正反转控制电路的仿真电路图

2. 电气图的主要形式

电气图是阐述电路的工作原理，描述产品的构成和功能，提供装接和使用信息的重要工具和手段。简图是用图形符号、带注释的围框或简化外形表示系统或设备中各种组成之间的相互关系的一种图。电气图大多数采用简图这种形式。

简图并不是指内容"简单"，而是指形式的"简化"，它是相对于严格按几何尺寸、绝对位置等绘制的机械图而言的。电气图中的系统图、电路图、接线图、平面布局图等都是简图。

3. 电气图的主要表达内容

一个电路通常由电源、开关设备、用电设备和连接线四个部分组成，如果将电源设备、开关设备和用电设备看成元件，则电路由元件与连接线组成，或者说各种元件按照一定的次序用导线连接起来就构成一个电路。元件用于电路图中时有集中表示法、分开表示法、半集中表示法。原理图中的元件是分开表示的，接线图的元件是集中表示的。元件用于布局图中时有位置布局法和功能布局法；连接线用于电路图中时有单线表示法和多线表示法。连接线用于接线图及其他图中时有连续线表示法和中断线表示法。

任务 1.2　电气图中的符号

电气图主要由符号和导线组成，符号分为图形符号和文字符号两种。学习电气制图与识图对电气器件的符号表示法和了解电器符号的含义是非常重要的。

1.2.1　电气图中图形符号

1. 图形符号的含义

图形符号是用于图样或其他文件以表示一个设备或概念的图形、标记或字符。图形符号是通过书写、绘制、印刷或其他方法产生的可视图形，是一种以简明易懂的方式来传递一种信息，表示一个实物或概念，并可提供有关条件、相关性及动作信息的工业语言。

按简图形式绘制的电气图中，元器件、设备、装置、线路及其安装方法等都是借用图形符号、文字符号、项目代号来表示的；分析电气图，首先要说明这些符号的形式、内容、含义以及相互关系。

2. 图形符号的组成

图形符号由一般符号、符号要素、限定符号和方框符号等组成。

（1）一般符号。表示一类产品或此类产品特性的一种通常很简单的符号，如电阻、开关、电感、电容等。

（2）符号要素。它具有确定意义的简单图形，必须同其他图形组合以构成一个设备或概念的完整符号。例如，三极管是由外壳、基极、集电极、发射极、PN 结等要素组成。符号要素一般不能单独使用，只有按照一定方式组合起来才能构成完整的符号，符号要素的不同组合可以构成不同的符号。

（3）限定符号。用以提供附加信息的一种加在其他符号上的符号。限定符号一般不代表独立设备、器件和元器件，仅用来说明某些特征、功能和作用等。一般不能单独使用，但一般符号有时也可用作限定符号。限定符号的类型如下：

1）电流和电压的种类。如交、直流电，交流电中频率的范围，直流电正、负极，中心线、中性线等。

2）可变性。可变性分为内在的和非内在的。

内在的可变性指可变量决定于器件自身的性质，如压敏电阻的阻值随电压而变化。非内在的可变性指可变量由外部器件控制的，如滑线电阻器的阻值是借外部手段来调节的。

3）力和运动的方向。用实心箭头符号表示力和运动的方向。

4）流动方向。用开口箭头符号表示能量、信号的流动方向。

5）特性量的动作相关性。它是指设备、元件与测试值或正常值等相比较的动作特性，通常的限定符号是＞、＜、＝、≈等。

6）材料的类型。可用化学元素符号或图形作为限定符号。

7）效应或相关性。指热效应、电磁效应、磁滞伸缩效应、磁场效应、延时和延迟性等。分别采用不同的附加符号加在元器件一般符号上，表示被加符号的功能和特性。限定符号的应用使得图形符号更具有多样性。

（4）方框符号。表示元件、设备等的组合及其功能，既不给出元件、设备的细节，也不考虑所有连接的一种简单图形符号。

3. 图形符号的分类

新的《电气简图用图形符号》国家标准代号为 GB/T 4728—2008，采用国际电工委员会（IEC）标准，在国际上具有通用性，有利于对外技术交流。GB/T 4728 电气图形符号共分 13 部分。

（1）第 1 部分：一般要求。具有本标准内容提要、名词术语、符号的绘制、编号使用及其他规定。

（2）第 2 部分：符号要素、限定符号和其他常用符号。内容包括轮廓外壳、电流和电压表种类、可变性、力或运动方向、流动方向、材料的类型、效应或相关性、辐射、信号波形、机械控制、操作件和操作方法、非电量控制、接地、接机壳和等电位、理想电路元器件等。

（3）第 3 部分：导线和连接器件。内容包括各种导线、屏蔽和胶合线、同轴电缆、接线端子和导线的连接、插头和插座连接器件、电缆附件等。

（4）第 4 部分：基本无源元件。内容包括电阻器、电容器、电感器、铁样体磁芯、压电晶体等。

（5）第 5 部分：半导体管和电子管。内容包括二极管、三极管、晶闸管、电子管、辐射探测器等。

（6）第 6 部分：电能的发生和转换。内容包括绕组、发电机、电动机、变压器、变流器等。

（7）第 7 部分：开关、控制和保护装置。内容包括触点（触点）、开关、开关装置、控制装置、起动器、继电器、熔断器、避雷器等。

（8）第 8 部分：测量仪表、灯和信号器件。内容包括指示仪表、记录仪表、热电偶、遥测装置、电铃、传感器、灯、蜂鸣器、喇叭等。

（9）第 9 部分：电信交换和外围设备。内容包括交换系统、选择器、电话机、电报和数据处理设备、传真机、换能器、记录和播放等。

（10）第 10 部分：电信传输。内容包括通信电路、天线、波导管器件、信号发生器、激光器、调制器、光纤传输设备等。

（11）第 11 部分：电力、照明和电信布置。内容包括发电站、变电站、网络、音响和电视的电缆配电系统、开关、插座引出线、电灯引出线、安装符号等。适用于电力、照明和电信系统和平面图。

（12）第 12 部分：二进制逻辑单元。内容包括组合和时序单元、运算器单元、延时单元、双稳、单稳和非稳单元、位移寄存器、计数器和贮存器等。

（13）第 13 部分：模拟单元。内容包括放大器、函数器、坐标转换器、电子开关等。

4. 图形符号的含义及应用说明

（1）常用图形符号。电气图形符号比较多，表 1-3 中列出了电气制图中一些常用符号及其说明，仅供参考。

表 1-3　　　　　　　　　　电气制图中常用图形符号

图形符号 (GB/T 4728—2008)	说明	图形符号 (GB/T 4728—2008)	说明
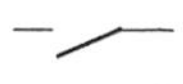	动合（常开）触点		动断（常闭）按钮开关
	延时闭合的动合（常开）触点		动断（常闭）触点
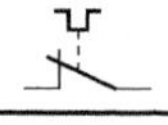	热继电器的动断（常闭）触点		延时闭合的动断（常闭）触点

图形符号 (GB/T 4728—2008)	说明	图形符号 (GB/T 4728—2008)	说明
	动合（常开）按钮开关		熔断器
	继电器或接触器的绕组		普通接地
	热继电器绕组		灯的一般符号
	电流互感器		插接件
	仪表的一般符号		插座
	电阻一般符号		断路器
	插头		负荷开关
	普通连接片		接触器的动断（常闭）主触点
	隔离开关		电容器一般符号
	接触器的动合（常开）主触点		熔断器式负荷开关
	半导体二极管		电缆头
	熔断器式隔离开关		插接件
	避雷器		跌开式熔断器
	跨接进线		三相变压器
	熔断器式开关		
	旋转开关		
	接地开关		电容器组
	双绕组变压器		
	电抗器		三绕组变压器
	脉冲变压器		电流互感器

续表

图形符号 (GB/T 4728—2008)	说明	图形符号 (GB/T 4728—2008)	说明
 varh	无功电能表	W	功率表
 Hz	频率表	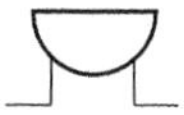	蜂鸣器
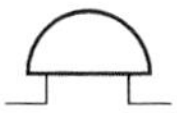	电铃一般不好	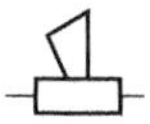	电喇叭
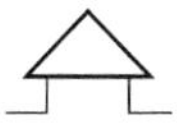	电警笛	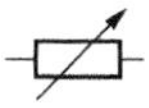	可变电阻
var	无功功率表	 cosφ	功率因数表
	桥式整流器		零序电流互感器
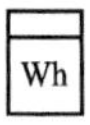 Wh	电能表		

（2）符号应用说明。

1）所有的图形符号，均由按无电压、无外力作用的正常状态画出。

2）在图形符号中，某些设备元件有多个图形符号，有优选形、其他形，形式1、形式2等。选用符号的遵循原则为尽可能采用优选形；在满足需要的前提下，尽量采用最简单的形式；在同一图号的图中使用同一种形式。

3）符号的大小和图线的宽度一般不影响符号的含义，在有些情况下，为强调某些方面或便于补充信息，或为区别不同的用途，允许采用不同大小的符号和不同宽度的图线。

4）为保持图面的清晰，避免导线弯折或交叉，在不致引起误解的情况下，可以将符号旋转或成镜像放置，但此时图形符号的文字标注和指示方向不得倒置。

5）图形符号一般都画有引线，在大多数情况下引线位置仅用作示例，在不改变符号含义的原则下，引线可取不同的方向。如引线符号的位置影响到符号的含义，则不能随意改变，否则会引起歧义。

6）在 GB/T 4728—2008 中比较完整地列出了符号要素、限定符号和一般符号，但组合符号是有限的。若某些特定装置或概念的图形符号在标准中未列出，允许通过已规定的一般符号、限定符号和符号要素适当组合，派生出新的符号。

7）电气图用图形符号是按网格绘制出来的，但网格未随符号示出。

1.2.2　电气图中文字符号

文字符号指表示电气设备、装置、元件和线路功能、状态特性的字母。图形符号和文字符号是不可分离的一个整体。不能只用文字符号绘制电气图，还可以只用图形符号绘制电气图，但无法说明问题。

1. 文字符号的分类

电气技术中的文字符号可以分为基本文字符号和辅助文字符号。基本文字符号还可分为单字母符号和双字母符号。

（1）基本文字符号。

1）单字母符号。用拉丁字母将各种电气设备、装置和元器件划分为 23 大类，每大类用一个专用单字母符号表示。如 R 表示电阻器类，Q 表示为电力电路的开关器件类等。

2）双字母符号。表示种类的单字母与另一字母组成，其组合形式以单字母符号在前，另一个字母在后的次序列出。双字母符号中的另一个字母通常选用该类设备、装置和元器件的英文名词的首位字母，或常用缩略语，或约定俗成的习惯用字母。常用基本文字符号见表 1-4。

表 1-4 常用基本文字符号表

名称	文字符号	名称	文字符号
电桥	AB	电流表	PA
晶体管放大器	AD	电压表	PV
集成电路放大器	AJ	电能表	PJ
印制电路板	AP	断路器	QF
触发器	AT	电动机保护开关	QM
控制电路电源用变压器	TC	隔离开关	QS
电容器（组）	C	电阻器	R
发热器件	EH	电位器	RP
照明灯	EL	控制开关	SA
空气调节器	EV	选择开关	SA
避雷器，放电间隙	F	按钮开关	SB
具有瞬时动作的限流保护器件	FA	电流互感器	TA
具有延时动作的限流保护器件	FR	磁稳变压器	TS
具有延时和瞬时动作的限流保护器件	FS	电力变压器	TM
熔断器	FU	电压互感器	TV
限压保护器件	FV	整流器	U
同步发电机	GS	二极管	V
异步发电机	GA	晶体管	V
蓄电池	GB	晶闸管	V
声响指示器	HA	电子管	VE
光指示器、信号灯	HL	控制电路用电源的整流器	VC
指示灯	HL	连接片	XB
瞬时（或无）继电器，交流继电器	KA	测试插孔	XJ
接触器	KM	插头	XP
极化继电器	KP	插座	XS
压力继电器	KP	端子板	XT
延时（有或无）继电器	KT	电磁铁	YA

名称	文字符号	名称	文字符号
电感器	L	电磁制动器	YB
电抗器	L	电磁离合器	YV
电动机	M	电磁吸盘	YH
同步电动机	MS	电动阀	YM
异步电动机	MA	电磁阀	YV

（2）辅助文字符号。辅助文字符号表示电气设备、装置和元器件以及线路的功能、状态和特性。通常也是由英文单词的前一、两个字母构成。它一般放在基本文字符号后边，构成组合文字符号。常用辅助文字符号见表 1-5。

表 1-5　　　　　　　　　　　常用辅助文字符号

名称	文字符号	名称	文字符号	名称	文字符号	名称	文字符号
电流	A	蓝	BL	主，中	M	备用	RES
交流	AC	向后	BW	手动	M MAN	信号	S
自动	A AUT	控制	C			起动	ST
		直流	DC	断开	OFF	停止	STP
加速	ACC	紧急	EM	闭合	ON	同步	SYN
附加	ADD	低	L	输出	OUT	温度	T
可调	ADJ	正，向前	FW	记录	R	时间	T
辅助	AUX	绿	GN	右	R	速度	V
异步	ASY	高	H	反	R	电压	V
制动	B BRK	输入	IN	红	RD	白	WH
		感应	IND	复位	R RST	黄	YE
黑	BK	左	L				

2. 使用文字符号的补充说明

（1）在不违背前面所述原则的基础上，可采用电气技术中的文字符号制订通则中规定的电气技术文字符号。

（2）在优先采取规定的单字母符号，双字母符号和辅助文字符号的前提下，可补充有关的双字母符号和辅助文字符号。

（3）文字符号应按照有关电气名词术语国家标准或专业标准中规定的英文术语缩写而成。同一设备若同时有几种名称时，应选用其中一个名称。当设备名称、功能、状态或特征为一个英文单词时，一般采用该单词的第一位字母构成文字符号，需要时也可用前两位字母，或前两个音节的首位字母，或采用常用缩略语或约定俗成的习惯用法构成；当设备名称、功能、状态或为二个或三个英文单词时，一般采用该设备两个或三个英文的第一位字母，或采用常用缩略语或约定俗成的习惯用法构成文字符号。

（4）因 I、O 易同于 1 和 0 混淆，因此，不允许单独作为文字符号使用。

任务 1.3　电气符号的组合

以上简要介绍了电气图中图形符号和文字符号。按简图形式绘制电气图，元件、设备、装置、线路及其安装方法等均借用这些基本图形符号、文字符号来表达。基本的图形符号、文字符号只是图样的组成部分，很多复杂的元器件、设备、装置、线路及安装方法要由这些基本符号组合而成。分析电气图，也要首先明了这些符号的形式、内容、含义以及它们的相互关系。下面介绍这些基本符号的组合使用。

1.3.1　电气图形符号的组合

复杂电气图形符号是基本电气图形符号组合而成。

1. 由同一类基本符号组合形成的复杂图形符号

常用断路器、隔离开关、负荷开关、刀熔开关、手动开关，旋钮开关分为单相、双极、

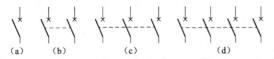

图 1-10　断路器的组合图

(a) 单相断路器；(b) 双极断路器；
(c) 三相断路器；(d) 四极断路器

三相以及四极，则每一个都可以用单相符号稍加改变表示。双极、三相、四极之间靠点画线连接，表示一个整体的元器件。

(1) 断路器的组合。断路器的组合图如图 1-10 所示。

(2) 隔离开关的组合。隔离开关的组合图如图 1-11 所示。

(3) 负荷开关的组合。负荷开关的组合图如图 1-12 所示。

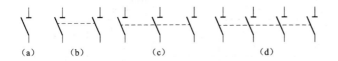

图 1-11　隔离开关的组合图

(a) 单相隔离开关；(b) 双极隔离开关；
(c) 三相隔离开关；(d) 四极隔离开关

图 1-12　负荷开关的组合图

(a) 单相负荷开关；(b) 三相负荷开关

2. 由不同基本符号组合形成的复杂基本符号

常用接触器、热继电器、时间继电器等由不同基本符号组合而成。方框表示逻辑符号（接线图符号），其组合有以下几种情况。

1) 只含有动作线圈和主触点。

2) 含有动作线圈、主触点和辅助触点。

(1) 接触器的组合。常开辅助触点、常闭辅助触点、动作线圈、常开主触点可以组合为一个完整的接触器符号，如图 1-13 所示。

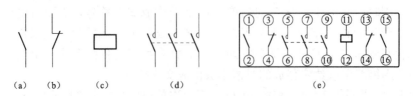

图 1-13　接触器的组合图

(a) 常开辅助触点；(b) 常闭辅助触点；(c) 动作线圈；(d) 常开主触点；(e) 接触器的逻辑符号

(2) 热继电器的组合。热继电器的线圈、热继电器的常闭触点可以组合为一个完整的热继电器符号，如图 1-14 所示。

（3）时间继电器的组合。延时开启的动合触点、延时闭合的常闭触点、瞬时常闭触点、瞬时常开触点、动作线圈可以组合一个完整的时间继电器。如图 1-15 所示。

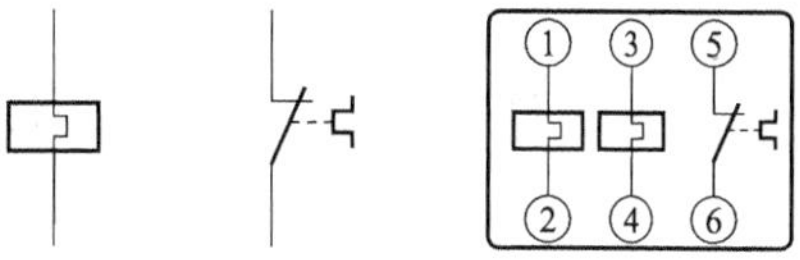

1.3.2　图形符号和文字符号的组合

在电气图中，文字符号适用于电气技术领域中技术文件的编制，用于标明电气设备、装置和元件的名称及电路的功能、状态和特征。文字符号一般不能单独使用，而与图形符号配合使用。如图 1-15 所示。

图 1-14　热继电器的组合图
（a）热继电器的线圈；（b）热继电器的常闭触点；
（c）热继电器的逻辑符号

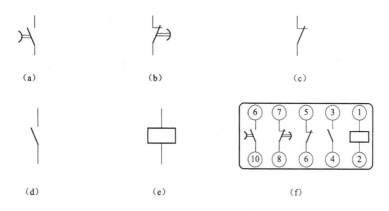

图 1-15　时间继电器的组合图
（a）延时开启的常开触点；（b）延时闭合的常闭触点；（c）瞬时常闭触点；
（d）瞬时常开触点；（e）动作线圈；（f）时间继电器的逻辑符号

例如接触器文字符号与图形符号组合，其中文字符号 KM 表示接触器，电路原理图中同一电器的单个触点和线圈用同样的文字符号表示，位于符号的旁边，A1 和 A2 位于线圈上下，表示线圈的接线触点。如图 1-16 所示。1、3、5 和 2、4、6 位于接触器主触点上下，分别表示接触器主触点的进线端和出线端。13、14 和 43、44 表示接触器常开辅助触点。21、22 和 31、33 表示接触器常闭辅助触点。13、14、21、22、31、32、43、44 都是由两位数组成，其中前一位为 1 表示辅助触点的第一组，前一位为 2 表示第二组辅助触点，后面的 1、2 表示为常开触点，3、4 表示常闭触点。

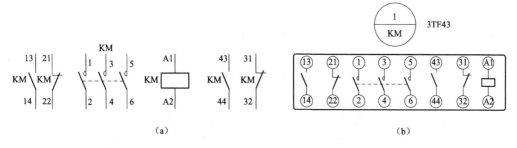

图 1-16　接触器的文字符号和图形符号的组合
（a）原理图上的文字符号与图形符号组合；（b）接线图上的图形符号与文字符号组合

任务 1.4   结合具体电路简述文字符号和图形符号的使用

电气控制线路是基本的动力供电线路，下面结合具体如图 1-17 所示的双重联锁正反转控制电路原理图说明电气图形符号、文字符号的使用情况。图为三相电动机双重联锁正反转控制电路的原理图。

电路由三相断路器、两个接触器、一个热继电器、停止按钮、正转启动按钮、反转启动按钮、三相异步电动机组成。图 1-17 中 QS、FU1、FU2、KM1、KM2、FR、SB1、SB2、SB3 代表器件号。即 QF 表示断路器，FU1、FU2 表示熔断器，KM1 表示正转接触器，KM2 表示反转接触器；FR 表示热继电器，SB1 表示停止按钮，SB2 表示正转启动按钮，SB3 表示反转启动按钮。L1、L2、L3 表示电源的进线端子号；U、V、W 表示为电动机接线端子，按相序来表示；U11、V11、W11、U12、V12、W12 表示主电路中的各器件之间的连接导线号；1～10 为控制电路的导线代号；元件两边的数字代表接线端子号。图形符号与文字符号的组合使用如图 1-17 所示。

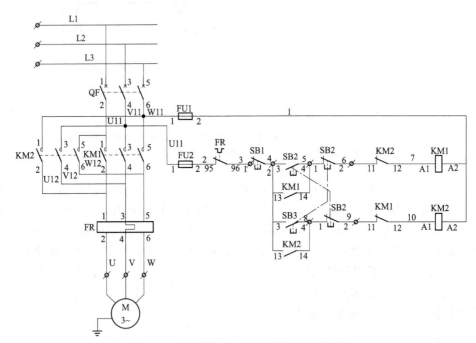

图 1-17   图形符号与文字符号的组合使用图

通常情况下，元件代号的字号最大，连接线号次之，端子编号字号最小。

任务 1.5   电气图的规范与标准

绘制电气图时使用国家规定的标准符号的同时对电气图样进行规范化，电气工程图与其他工程图所表达的内容是不一样的，电气工程图按电气图的规范和标准绘制。

1. 电气图面的构成与格式

电气图由边框线、图框线、标题栏、会签栏组成。电气图分为横向和纵向两种格式，如

图 1-18 所示。

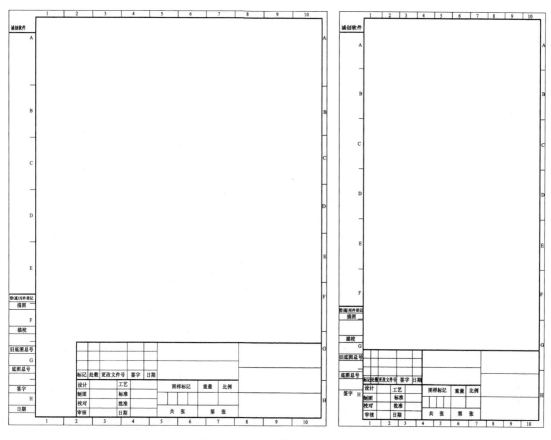

图 1-18　电气图横向与纵向格式

2. 幅面及尺寸

边框线围成的图面叫图纸的幅面。

（1）幅面尺寸分为 A0～A4 五类，具体尺寸见表 1-6。

表 1-6　　　　　　　　　　　　　　　　幅面尺寸及代号　　　　　　　　　　　　　　　单位：mm

幅面代号	A0	A1	A2	A3	A4
宽×长	841×1189	594×841	420×594	297×420	210×297
留装订边的宽度	10			5	
不留装订边的宽度	20		20		
装订侧边宽	25				

A0～A2 号图纸一般不得加长。A3、A4 号图纸可根据需要，沿短边加长，具体见表 1-7。

表 1-7　　　　　　　　　　　　　　　　加长号图幅尺寸　　　　　　　　　　　　　　　单位：mm

代号	A3×3	A3×4	A4×3	A4×4	A4×5
尺寸（宽×长）	420×891	420×1189	287×630	297×841	297×1051

（2）选择幅面尺寸的基本前提为：保证幅面布局紧凑、清晰和使用方便。

（3）幅面选择考虑因素如下：

1）所设计对象的规模和复杂程度；

2）由简图种类所确定资料的详细程度；

3）尽量选用较小幅面；

4）便于图纸的装订和管理；

5）考虑复印和缩微的要求；

6）考虑计算机辅助设计的要求。

3. 电气图的标题栏

标题栏是用来确定图样名称、图号、张次、更改和有关人员签名等内容的栏目，等于图样的"铭牌"。标题栏的位置一般在图纸的右下方或下方。标题栏中的文字方向为看图方向，会签栏是供各相关专业的设计人员会审图样时签名和标注日期用。电气图的标题栏见表 1-8。

表 1-8　　　　　　　　　　　　　　　　电气图的标题栏

					电动机的连续运转控制电路			
标记	处数	更改文件号	签字	日期				
设计	艾克木	工艺			图样标记		重量	比例
制图	艾克木	标准						
校对		批准						
审核		日期	2008.8.18		共　张		第 1 张	

4. 图幅的区分

图幅的区分有两种，一种是自动分区在图的边框处，竖边方向用大写拉丁字母，横边方向用阿拉伯数字，编号的顺序从标题栏相对的左上角开始，分区数就是偶数。若 8 行 10 列的分区竖边方向用大写拉丁字母为 A，B，C，D，E，F，G，H；横边方向用阿拉伯数字为 1，2，3，4，5，6，7，8，9，10。另一种是手工分区，在上方的一行表格内写电路各部分的功能，下方的表格内写分区序号。按分区来确定接触器、继电器等电器的触点位置。图幅的区分如图 1-19 所示。

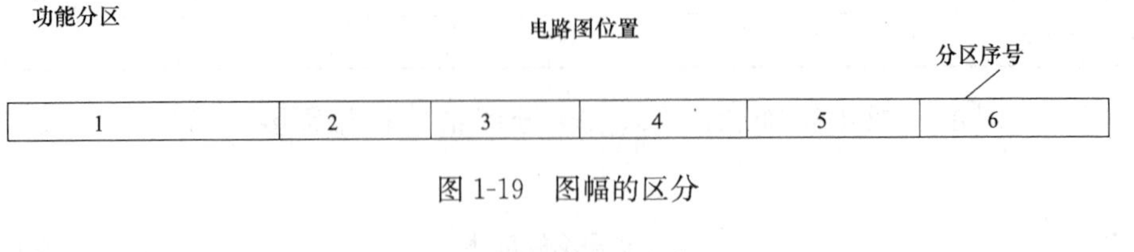

电源开关与短路保护	电动机正转	电动机反转	控制电路保护	正转控制	反转控制

功能分区　　　　　　　　　　　电路图位置　　　　　　　　　　　　　　分区序号

1	2	3	4	5	6

图 1-19　图幅的区分

5. 字体高度

字体高度见表 1-9。

表 1-9 字体高度

图纸幅面代号	A0	A1	A2	A3	A4
字体最小高度（mm）	5	3.5	2.5	2.5	2.5

6. 图线

电气图用的图线见表 1-10。

表 1-10 图 线

图线名称	线形与画法	意 义
实线	——————————	基本线、简图主要内容（图形符号和连接）用线、可见轮廓线、可见导线、导线、导线组、电线、电缆、电路、传输、通路（如微波技术）线路、母线（总线）等的一般符号
点划线	—— - —— - —— - ——	边界线、分界线（表示结构、功能分组用）、围框线、控制及信号线路（电力及照明用）
虚线	- - - - - - - - - - -	辅助线、不可见轮廓线、不可见导线、计划扩展内容线、屏蔽线、护罩线、机械（液压、气动等）连接线、事故照明线
双点划线	—— ·· —— ·· ——	辅助围框线、50V 及以下电力及照明线路

7. 箭头

电气图中的箭头见表 1-11。

表 1-11 箭 头

箭头名称	箭头与画法	意 义
开口箭头	——————▷	用于电气能量、电气信号的传递方向（能量流、信息流流向）
实心箭头	——————▶	用于可变性、力或运动方向以及指引线方向

8. 指引线

电气图指引线是指示注释的对象，应为细实线。指引线用于将文字或符号引注至被注释的部位．用细的实线画成，必要时可以弯折一次。指引线的末端有三种标记形式，应该根据被注释对象在图中的不同表示方法选定，当指引线末端需伸入被注释对象的轮廓线时，指引线的末端应画一个小的黑圆点；当指引线末端恰好指在被注释对象的轮廓线上时，指引线末端应画成普通箭头，指向轮廓线；当指引线末端指在不用轮廓图形表示的对象上时，例如导线、各种连接线、线组等，指引线末端应该用短斜线示出。电气图用的指引线如图 1-20 所示。

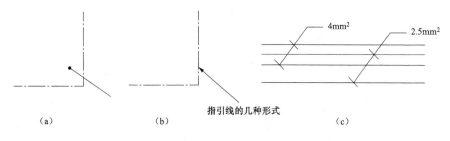

图 1-20 电气图用的指引线

9. 电气图的比例

比例：图面上图形尺寸与实物尺寸的比值。通常采用的缩小比例系列：1∶10、1∶20、1∶50、1∶100、1∶200、1∶500。

10. 电气图中接线端子与表示方法

(1) 端子。端子指在电气元件中，用以连接外部导线的导电元件。端子分类有普通端子、可拆卸端子、装置端子、方形端子。电气图中接线端子见表 1-12。

表 1-12　　　　　　　　　　电气图中接线端子

序号	端子类型	形状	形成方式
1	固定端子		自动形成
2	普通端子		绘图者绘制
3	可拆卸端子		绘图者绘制
4	装置端子		绘图者绘制
5	方形端子		绘图者绘制

(2) 以字母数字符号标志接线端子的原则和方法。

1) 单个元件的两个端点用连续的两个数字表示。单个元件的中间各端子用自然递增数序的数字表示。

2) 在数字前加以字母，如标志三相交流系统的字母 U1、V1、W1 等。

3) 若不需要区别相别时，可用数字 11、12、13 标志。

4) 同类的元件组可以用相同的文字编号表示。

5) 与特定导线相连的电器接线端子的标记符号，见表 1-13。

表 1-13　　　　　　　　　特定电器接线端子的标记符号

序号	电气接线端子名称		标记符号	序号	电器接线端子的名称	标记符号
1	交流系统	1 相	U	2	保护接地	PE
		2 相	V	3	接地	E
		3 相	W	4	无噪声接地	TE
		中性线	N	5	机壳或机架	MM
				6	等电位	OC

以字母数字符号标志接线端子的原则和方法可以参考项目 1 中的双重联锁正反转控制电路的原理图 1-2。

(3) 元件端子代号的标注方法。

1) 电阻器、继电器、模拟和数字硬件的端子代号应标在其图形符号的轮廓外面。零件的功能和注解标注在符号轮廓线内。

2) 用于现场连接、试验和故障查找的连接器件的每一连接点都应标注端子代号。

3) 画有围框的功能单元或结构单元中，端子代号必须标注在围框内，以免被误解。接线图元件上端子如图 1-21（a）所示；原理图元件上的端子如图 1-21（b）所示。为了更好地理解元件端子代号的标注方法，原理图元件按接线图符号上的位置拼在一起。

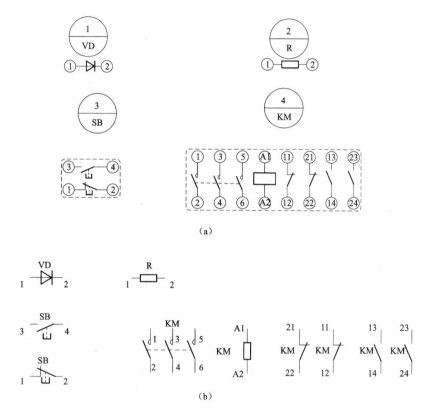

图 1-21 元件上端子

（a）接线图元件上端子；（b）原理图元件上的端子

11. 导线

导线指在电气图上，各种图形符号间的相互连线。导线可以用连续实线表示。

（1）导线的表示方法见表 1-14。

表 1-14   导线的表示方法

序号	导线符号	导线说明
1	——————	导线的一般符号
2	—///	导线根数的表示方法（表示 4 根线）
3	—／3	导线根数的表示方法（表示 3 根线）

续表

序号	导线符号	导线说明
4	3N~50Hz,380V 1 M 4	线路特征的表示方法，表示（三相四线制）频率为 50Hz，电压为 380V
5	L1 ⟍ L3	导线换位

（2）连接线的表示方法。

1）连接方法：当采用带点划线框绘制时，其连接线接到该框内图形符号上，当采用方框符号或带注释的实线框时，连接线接到框的轮廓线上。

2）连接线形式：电线连接线为细实线；电源电路和主信号电路为粗实线；机械连接线为虚线。

3）信号流向：系统图和框图的布局应有利于识别过程和信息的流向。控制信号流向与过程流向垂直绘制，在连线上用开口箭头表示电信号流向，实心箭头表示非电过程和信息的流向。

4）连接线上有关内容的标注：在系统图和框图上，应根据需要加注各种形式的注释和说明。

（3）导线连接点的表示方法。

1）T 形连接点可加实心圆点（•），也可不加；

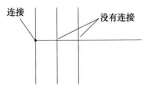

图 1-22　导线连接点的表示方法

2）对交叉而不连接的两条连接线，在交叉处不能加实心圆点，并应避免在交叉处改变方向，同时也应避免穿过其他连接线的连接点。导线连接点的表示方法如图 1-22 所示。

12. 连接线的连续表示法和中断表示法

（1）用单线表示的连接线的连续表示法。连续线表示的方法用在原理图和接线图上。按连线关系两个元件的端子用一根连续线连接在一起，导线上标注导线编号。连接线的连续表示法如图 1-23 所示。

（2）连接线的中断线表示方法。中断线表示的方法主要用于端子接线上。穿越图面的连接线较长或穿越稠密区域时，允许将连接线中断，在中断处加相应的标记。中断表示方法如图 1-24 所示。

13. 触点索引

触点索引也可以叫作电气原理图符号位置的索引。在较复杂的电气原理图中，对继电器、接触器线圈的文字符号下方要标注其触点位置的索引；在其触点的文字符号下方要标注其线圈位置的索引。符号位置的索引用图号、页次和图区编号的组合索引法，索引代号的组成如图 1-25 所示。

当与某一元件相关的各符号元素出现在不同图号的图样上，而每个图号仅有一页图样时，索引代号可以省去页次；当与某一元件相关的各符号元素出现在同一图号的图样上，该图号有几张图样时，索引代号可省去图号。依次类推。当与某一元件相关的各符号元素出现

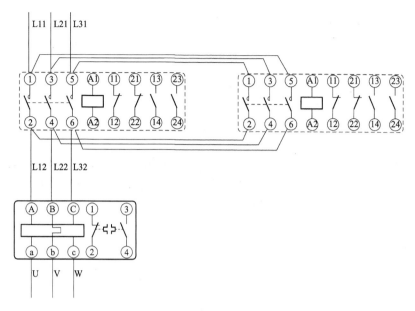

图 1-23 连接线的连续表示法

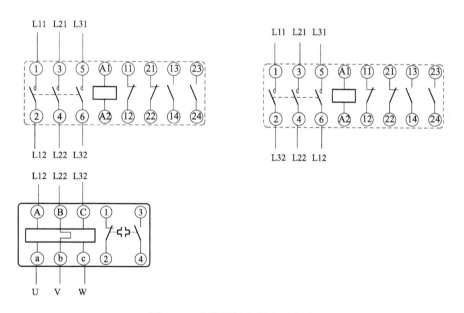

图 1-24 连接线的中断表示方法

在只有一张图样的不同图区时，索引代号只用图区号表示。

在电气原理图中，接触器和继电器的线圈与触点的从属关系应用附图表示。即在原理图中相应线圈的下方，给出触点的图形符号，并在其下面注明相应触点的索引代号，未使用的触点用"x"表明。有时也可采用省去触点图形符号的表示法。触点索引的含义如图 1-26 所示。

图 1-25 索引代号图

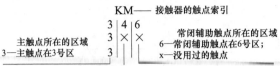

图 1-26　触点索引

　　应注意，本索引代表有 3 对常开主触点，一对常开辅助触点，一对常闭辅助触点的接触器的触点索引。三个 3 代表 3 对常开主触点都使用，触点位置都在 3 号区；一对常开触点中使用一个，位置在 4 号区，还有一个触点没有使用；一对常闭触点中使用一个，位置在 6 号区，还有一个触点没有使用。

项目 2　常用电气制图软件与使用

 项目概述

电气项目一般包括一次方案图、二次原理系统图、布局图、二次接线图、各种器件清单、端子排的接线表等很多类别的图纸表单信息。通常当使用者在使用 CAD 类软件来做电气设计的时候，使用者无法对多种类图纸图表的信息做统一的管理和集中式的更新。所以在修改或者创建一个电气项目时必然会耗费使用者很多时间。毫无意义的重复性的工作使工作效率无法提高。

CAD 并不是专业的电气设计软件，其优势仅体现在绘图方面，特别是绘制平面图、结构图、建筑图方面。但在用 CAD 来做电气设计的时候，一般电气工程师都会觉得它不够专业，不智能化、人性化。所以很多的电气工程师都想能够拥有一种智能化的专业电气设计软件来帮助自己更好地完成设计工作。电气 CAD 设计软件较多，功能和使用方法上有一定的区别。本节介绍几个电气制图软件，使用者可以根据自己的需要选择合适的软件。

指导性学习计划

学时	4
方法	方法 1：理论 2h，练习 2h。 方法 2：利用多媒体方式进行学习，使用者边听边操作练习，软件的使用方法要加强实践，需要结合其他项目，不断练习
重点	(1) 常用电气制图软件的适用范围和优缺点。 (2) 电气制图软件的使用方法
难点	电气制图软件的使用方法
目标	(1) 常用电气制图软件的适用范围和优缺点。 (2) 电气制图软件 [AutoCAD Electrical，SuperWORKS，诚创电气 CAD (CCES)]，EPLAN Electric P8 的使用方法。 电气制图软件的使用方法中分别介绍了 4 种软件的使用方法

任务 2.1　常用电气制图软件

AutoCAD Electrical 是面向电气控制设计师的 AutoCAD 软件，可帮助用户创建和优化电气控制系统的设计。AutoCAD Electrical 包含了 AutoCAD 的全部功能，同时添加了一系列通用的电气专业设计特性与功能，能够极大地提升使用者的工作效率。AutoCAD Electrical 可以自动完成如建立电路、线缆编号与创建 BOM 表等普通任务，并且支持众多通用的绘图标准，包含全面的元器件库。AutoCAD Electrical 通过与 Autodesk Inventor 软件共用线缆连接情况等数据，使电气设计与机械设计团队能基于数字样机进行高效协作。AutoCAD Electrical 为使用者提供的工具能够帮助使用者快速、精确地设计电气控制系统，同时节约大量成本。AutoCAD Electrical 的主要功能包括元器件库管理、自动导线编号和零部件标记、自动生成工程报告、实时的错误核查、实时导线连接、智能面板布局图、面向电气专业的绘图功能、从电子表格自动创建 PLC I/O 图纸与客户及供应商共享图纸并跟踪图纸变化。

SuperWORKS 系列软件是上海利驰软件公司以 AutoCAD 为平台二次开发的专门用于工厂版设计的软件，因其完善的解决方案和便捷的实现方法，深受众多工程技术人员的青睐，在技术水平及市场占有率两个方面始终遥遥领先。适用范围包括冶金、机床、船舶、物流、石化等行业电气及自动化控制系统的设计。成套电器 CAD SuperWORKS 的主要功能包括原理图绘制，明细表、端子表、接线图、接线表自动生成等。

诚创电气 CAD（CCES）是运行于 Windows98/2000/XP 和 AutoCAD 环境的大型智能化电气设计软件。主要特点是全部图形化的操作界面，上手迅速、操作简便、出图率高。从绘制原理图到自动生成端子排，自动生成施工接线图，最终对设计进行检查，诚创电气 CAD 会帮设计者把设计做得尽量完美。主要功能包括快速高效地完成主回路和控制回路的设计；完成符号的插入、删除、替换；端子的插入和功能单元的定义；快速完成设备和线号的标注；自动生成元件材料表；自动生成元件端子号；提供断点检查、回路检查、回路查找和元件匹配检查；根据原理图自动生成接线图；提供接线图块的绘制模块，快速绘制接线逻辑图，生成号码管文件直接打号，自动生成接线表；端子排转换功能提取用户端子排。

PCSchematic 是一个基于 Windows 环境的 CAD 程序，其目的是用于生成电子和电气类安装项目规划和设计。这是一个面向项目的程序，有关这个项目的所有零部件（parts）都包含在同一个文件中。如电气方框图（electrical diagrams）、布线图（mechanical layouts）、目录表（tables of contents）、零部件清单（parts lists）、终端设备清单（terminals lists）、可编程逻辑单元清单（PLC lists）等，以及其他各种类型的清单。如果同时有几个项目存在，可以在各个项目之间进行相互拷贝。

理正电气 CAD 主要用于绘制电气施工图、线路图及各种常用电气计算。主要内容包括电气平面图、系统图和电路图绘制；负荷、照度、短路、避雷等计算；文字、表格；建筑绘图；图库管理和图面布置等。平面图中导线绘制采用设置多种导线宽度和以线色代线宽的方式；自动布灯命令可以一次完成布灯、以照度确定灯具功率和对灯具进行标注等多项任务；房间复制命令可以将一个房间中已布好的设备、导线等复制到另外一些形状相似但大小不同的房间。在平面图中能够利用设备和导线的标注信息自动生成设备材料统计表。设置专用的制造设备和元件图块的功能，供用户自制图块入库。系统图的绘制、标注与系统负荷计算有机结合。在系统图绘制时嵌入默认数据，对系统图标注修改嵌入的数据，进行负荷计算时可自动搜索这些数据进行计算。生成的表格由一些独立的线条组成，便于编辑；同时又能在这样的表格中方便地写入和编辑文字。搜索到的材料信息不仅能写入程序预制的表格，也能写入用户自制的表中。

MagiCAD 电气设计模块是一款理想的辅助工程人员进行快速、高效绘图和设计的工具，它具有强大的平面和立体设计功能。该软件可以被广泛应用于电力、照明、通信以及数据系统的二维和三维绘制和设计中。MagiCAD 主要功能包括自动生成并更新配电箱系统图；自动生成准确的材料统计表；自动连接设备；将简单的二维图块和图标转换为智能化的"对象"；可将常用的功能键编辑到个性化的"收藏夹"内，从而简化操作、节省时间；自动搜寻并替换功能；快速自动生成并根据需要随意更新剖面图；检测电气设备与其他设备和维护结构的碰撞；智能的配电箱边界与区域功能，具有与 Dialux 软件的接口，可以从 Dialux 中读取有关照明计算的信息；IFC 输出功能。

EngineeringBase 是一种专业智能化的电气设计软件，其强大优势主要体现在以下几点：

（1）关联参照性。因为有 SQLServer 数据库，所以使用者可以非常方便地管理使用者的项目。修改项目和图纸变得非常方便和轻松。当你任意在一张图纸或是表单上修改器件对象信息时，其他图纸或表单等位置凡是有关联的信息都会自动刷新，重复的工作不再出现，并且差错率降为零。设计工作和审核工作变得非常轻松。

（2）器件清单自动生成以及在线表单。器件清单可以自动生成，并且清单格式可以按照使用者的要求任意定制；同时可以生产采购清单，方便采购部门提前采购元器件。器件清单还可以插入到图纸上，在线表单和项目中图纸信息关联，更新保持同步。

（3）自动器件编号和自动节点编号。元器件放到图纸上以后，编号可以按照使用者定制的编号方式自动编制，且当使用者增加或减少器件时，编号会自动调整。原理图的节点号可以自动编制，且随着使用者回路的更改发生自动变化。方便使用者的原理设计和图纸设计。

（4）端子排端子接线表单的自动生成。当使用者做好设计工作以后，端子排各个端子的接线信息可以自动生成清单，详细显示每个端子的接线信息、信号定义等多种信息，且格式可以定制。

（5）VBA 开发环境编制宏。方便使用者快速生动的创建端子排、继电器、接触器、电缆等器件。

（6）与其他格式文件间的转换。图纸可以转换成 dwg、pdf、网页、图片等格式，方便与其他软件之间的交流，且可以批处理文件。打印也可以一个命令完成多张图纸的打印工作。

EPLAN Electric P8 是一款基于数据库技术的软件。它的基本原理是通过高度灵活的设计方法和避免数据的重复输入，来实现工程时间和成本极大降低。该软件一直致力于通过软件使电气设计更加自动化。最新突破性的创新能够帮助公司的其他专业部门有效利用电气设计生成的数据，从而实现软件功能和客户关系的理想融合。

EPLAN Electric P8 将带使用者走向电气设计自动化的崭新境界。无论是对电气项目的创建和管理，还是对图纸文件的归档和共享，在高效性、灵活性和全局集成度方面都将达到新的水平。使用者的电气原理图及相关报告、清单和表格将实现前所未有的高效、优质和准确。

1）宏变量技术。凭借强大的宏变量技术，EPLAN Electric P8 在帮助客户节省时间方面又迈上了新的台阶。现在使用者能够插入最多带 8 个图形变量的电路图（宏），这些图形变量中包含预设的数据。例如，使用者可插入电动机启动回路的宏，并选择包含原理图说明和相应工程数据的变量，以决定断路器、熔断器、过载保护器以及正向/反向起动器等电气元件的容量。EPLAN Electric P8 会将变量中的所有预设数据应用到使用者的设计当中。

2）真正的多用户同时设计。不同的 EPLAN 用户不仅能够同时在同一个项目地上进行设计工作，而且还能够实时查看其他用户所作的更改。这绝对是达到最佳工作状态的协同工程！标准转换。EPLAN Electric P8 帮助使用者自动切换图纸上的电气符号和方位，将根据欧洲标准绘制的原理图轻松更改为北美标准，反之亦然。

3）灵活的工程设计流程。EPLAN Electric P8 提供了极大的灵活性，使用者可以按照自己习惯的流程来进行项目设计。无论使用者从单线图、BOM、安装板和原理图开始项目设计，该软件都将无缝集成和交叉引用所有的项目数据。总线拓扑表示：EPLAN Electric P8 帮助使用者准确并有逻辑地表示任何总线拓扑连接的设备，并管理设备间的相互关系。

4）与 Unicode 完全兼容。有了 EPLAN Electric P8，使用者能够以任何语言提交原理图。从中文的接线图到俄语的材料清单，一切都可以自动进行翻译，使得使用者与国际合作伙伴之间的协作更加容易。

5）单线/多线图。EPLAN Electric P8 能够显示设备在单线/或多线环境中的连接关系，并在切换和导航项目的同时管理导线的所有属性。

6）智能零部件选择和管理。EPLAN Electric P8 通过电气功能的完整定义，提供智能零部件选择并减少差错。例如，使用者可以根据元件的预定义逻辑电气特性和设计要求，选择具有正确连接点数的元件

任务 2.2　电气制图软件的使用

下面介绍几种电气 CAD 软件的使用方法。无论使用哪一种软件最后要得到工艺文件主要是原理图、接线图、接线表、元件明细表、接线表、端子表等。使用者可以根据自己的需要选择一种软件进行学习。

2.2.1　诚创电气 CAD 软件的使用

诚创电气 CAD 的电气制图过程包括：运行软件、新建文件并保存、绘制边框、绘制导线、插入元件、元件代号标注、线号标注、绘制端子、填写标题栏、输入文本、型规选择、材料表形成、柜体设计、端子排设计、元件布局、形成接线图、检查接线图并补缺线、形成接线表等。接下来以"三相异步电动机的单向连续运行控制电路"为例介绍以上所提到的操作过程，仅供参考。

1. 运行"诚创电气 CAD"软件

"诚创电气 CAD"软件与其他软件的运行方法一样，双击桌面上的"诚创电气 CAD2004"快捷图标即可。"诚创电气 CAD2004"软件需要"AutoCAD2004 或 AutoCAD2005"软件的支持，双击桌面上的快捷图标使"AutoCAD"与"诚创电气 CAD2004"一起运行。诚创电气 CAD2004 的绘图界面如图 2-1 所示。

2. 新建文件并保存

（1）选择"文件"菜单，单击"新建"按钮，选择样板对话框中选择"Gb-a3"图形样板，如图 2-2 所示。

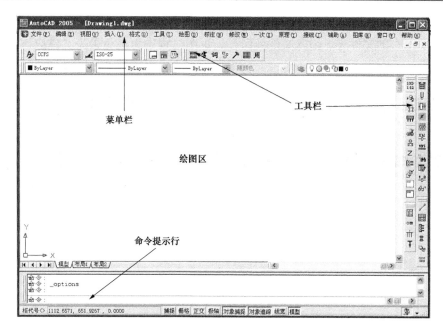

图 2-1　诚创电气 CAD2004 绘图界面

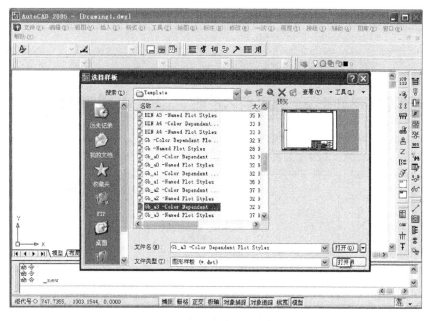

图 2-2　选择样板对话框

　　（2）单击"打开"按钮打开一个图形样板。此时还没有图形边框，如图 2-3 所示。
　　（3）打开图形样板后选择"辅助"菜单，单击"图框绘制"按钮，图框绘制对话框中选择"A4"，其他默认，单击"绘制"按钮，确认边框位置，单击鼠标左键，如图 2-4 所示。
　　（4）选择"文件"菜单，单击"保存"按钮，会出现"图像另存为"对话框，如图 2-5

所示。

　　选择所要保存的文件夹，输入文件名保存。绘图过程中为避免丢失文件应该养成边作图边保存的习惯。

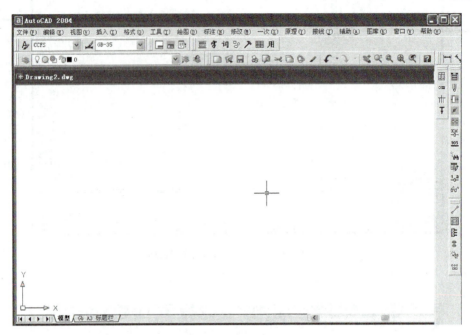

图 2-3　图形样板

图 2-4　图框绘制对话框

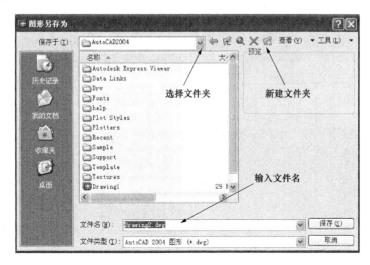

图 2-5　"图像另存为"对话框

3. 绘制原理图

（1）绘制主电路。

1）绘制导线。组成电路的主要因素为元件和导线，绘图方法包括两种，一种是先绘制导线，再插入元件；另一种是先布置元件再连接导线。电气图适合用第一种方法绘制；电子电路适合用第二种方法绘制。电气控制电路是由主电路和控制电路两个部分组成的，先绘制主电路，再绘制控制电路。绘制主电路时先绘制导线再插入主电路中的元件，插入元件时注意元件之间的距离要均匀，元件与元件之间用导线连接，如果引脚和引脚连接则无法进行导线编号。绘制好主电路后可以绘制控制电路，绘制方法与主电路的绘制方法类似，不同之处是导线为单相导线，元件为单极元件。

绘制主电路的三相导线的方法如下：

选择"原理"菜单，单击"主回路Z"按钮，单击"三线"按钮，在画图区的合适位置横向拖动鼠标可以绘制横方向的三相线。同样方法纵向拖动鼠标可以绘制纵向三相导线。导线是自动连接，连接处会出现黑色圆点，如图 2-6 所示。

2）插入元件。插入元件时先定位后放置元件，否则元件插入在导线的起端，无法插入需要的位置，这是初学者特别注意的问题。定位方法是元件放在导线上时导线的起端出现一个黄色方框，用鼠标拖动黄色方框使导线的上端变成虚线的同时出现一个"×"符号，这就是插入元件的位置。插入元件的方法如下：

选择"原理"菜单，单击"主回路Z"按钮，主回路绘制对话框中单击第二行的第二列（隔离开关），插入到三相导线上。

选择"原理"菜单，单击"通用设计T"按钮，"原理图通用设计"对话框上按"旋转"按钮把元件旋转到 270°（或 90°），选择第三行的第二列（熔断器），插入到隔离开关下方的适当位置。

选择"原理"菜单，单击"主回路Z"按钮，主回路绘制对话框中单击第一行的第四列（接触器的主触点），插入到三相导线上。

选择"原理"菜单，单击"主回路Z"按钮，主回路绘制对话框中单击第二行的第四列（热继电器的热元件），插入到三相导线上。

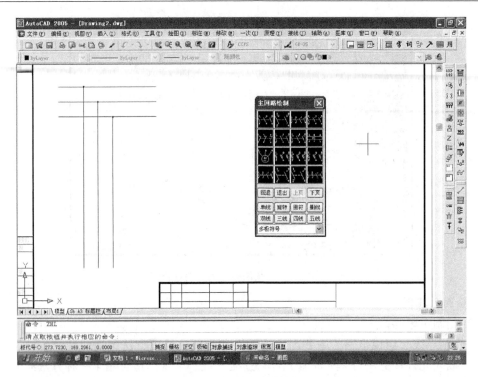

图 2-6　三相导线的绘制

选择"原理"菜单，单击"主回路Z"按钮，主回路绘制对话框中单击第三行的第一列（三相电动机），插入到三相导线上，如图 2-7 所示。

（2）绘制控制线路。

1）绘制控制线路的单相线。选择"原理"菜单，单击"主回路Z"按钮，单击"单线"按钮，在画图区的合适位置横向拖动鼠标可以绘制横方向的单相线。同样方法纵向拖动鼠标可以绘制纵向单相导线，如图 2-8 所示。

2）插入控制电路的元件。插入控制电路的元件的方法与主电路上的元件的插入方法相同。

选择"原理"菜单，单击"通用设计T"按钮，"原理图通用设计"对话框上按"旋转"按钮把元件旋转到 0°（或 180°），选择第三行的第二列为"熔断器"；第一行的第一列为"热继电器的常闭触点"；第二行的第二列为"常开按钮"；第二行的第三列为"常闭按钮"；第二行的第四列为"接触器的线圈"；第一行的第一列为"接触器的常开辅助触点"插入到控制电路导线的适当位置。"主回路Z"和"通用设计T"对话框中的元件和元件的位置一样。"主回路Z"适合绘制主电路，元件一般"竖方向"绘制的；"通用设计T"适合绘制控制电路，元件按绘制需要可以旋转，如图 2-9 所示。

（3）代号标注。元件代号也可以叫元件的文字符号，是元件符号不可分割的部分，有图形符号没有文字符号无法说明具体电器元件。图形符号一样的情况下通过文字符号来区分电器元件。一个电器中的各部分用相同的文字符号表示，如接触器用 KM 表示，则接触器的线圈、主触点、常开辅助触点、常闭辅助触点都用 KM 表示。电器元件的文字符号在不同的书上有不同的表示方法，有些用英文符号表示，有些用汉字拼音表示等。无论用哪一种方法表

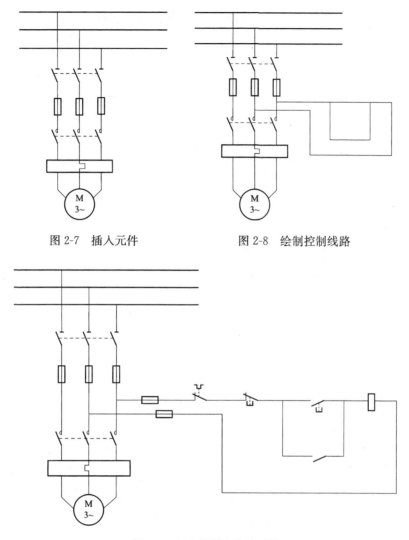

图 2-7　插入元件　　　　　　　　图 2-8　绘制控制线路

图 2-9　插入控制电路的元件

示，文字符号都是唯一的，不能重复，否则无法选择元件型号，导致元件材料表、接线图、接线表等都会出错。以下给出一些常用元件的文字符号供参考：交流接触器表示为 KM，转换开关、隔离开关、闸刀开关表示为 QS，断路器（自动开关）表示为 QF，热继电器表示为 FR，熔断器表示为 FU，变压器表示为 T，中间继电器表示为 KA，时间继电器表示为 KT，速度继电器表示为 KV，行程开关（限位开关）表示为 SQ，三相异步电动机表示为 M 等。如果同一个电路上出现多个相同的电器元件时，采用文字符号后加数字来区分，如一个电路上有三个接触器则表示为 KM1，KM2，KM3 等。

代号标注方法是选择"原理"菜单，单击"代号标注B"按钮，屏幕上出现"设备代号标注"对话框，如图 2-10 所示。

代号标注对话框中单击"设备选择"按钮，单击"元件"（元件变成虚线显示），按空格键（元件周围红色圈显示），输入元件代号，单击"确认"按钮。按以上方法分别输入其他元件的文字符号，如图 2-11 所示。

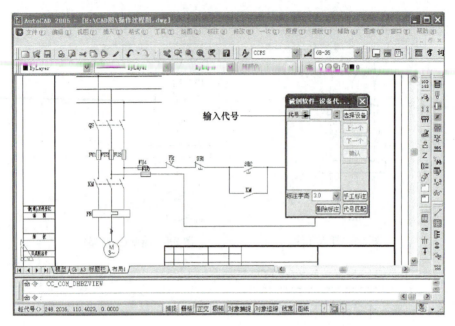

图 2-10　代号标注对话框

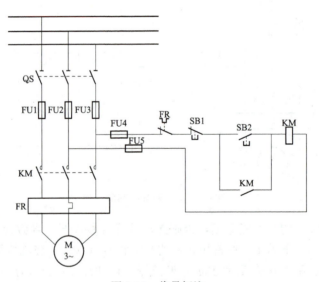

图 2-11　代号标注

（4）线号标注。线号标注也可叫作导线编号或回路编号。导线编号在电气主图中，特别对于自动形成端子接线图、接线表、端子排非常重要。如果导线符号错误，接线图、接线表、端子排上都会出问题；如果缺导线编号，接线图上会缺少导线，接线表上缺少连接信息；如果出现相同编号，接线图上会出现短路错误，这些问题都是不可忽视的。控制电路上的导线编号用阿拉伯数字表示，如 1，2，3，4，5 等。主电路的导线编号用字母和数字表示。目前书上出现以下几种标号方式，使用时选择其中一种，不能混合使用。导线编号是唯一的，一个导线一个编号，如图 2-12 所示。

选择"原理"菜单，单击"线号标注 L"按钮，屏幕上会出现"线号标注"对话框，如

图 2-13 所示。

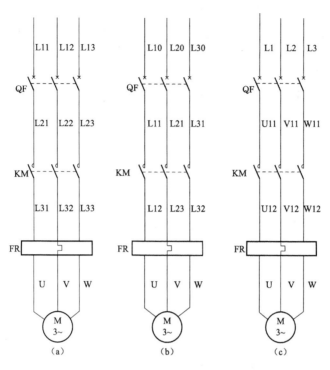

图 2-12　线号标注的不同方式

（a）横向编号；（b）纵向编号；（c）电源以外部分按相序编号

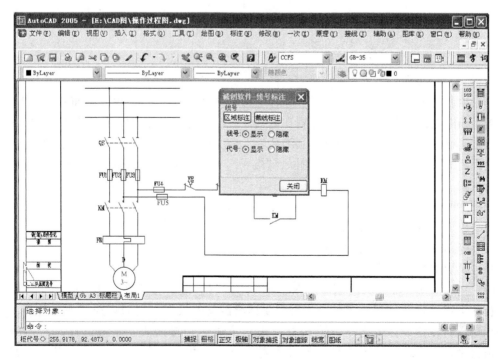

图 2-13　区域标注对话框

　　线号标注对话框中单击"区域标注"按钮，选择线号标注区域，按空格键，要编号的导线即变为红色显示，命令提示行提示为输入线号。输入线号并按空格，线号显示在导线上的同时第二根需要编号的导线变为红色显示，按照以上方法输入第二根导线编号，继续输入其他导线编号，直至区域内的所有导线编号输完。本例中主电路的导线编号输入为 L11，L12，L13；L21，L22，L23；L31，L32，L33；L41，L42，L43；U，V，W。控制电路的导线编号为 0，1，2，3，4，如图 2-14 所示。

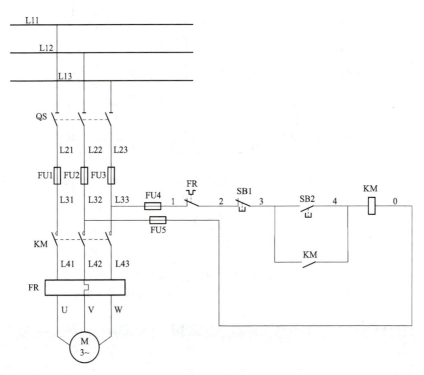

图 2-14　导线编号

　　(5) 绘制端子。电气控制电路的接线工艺中，按钮、信号灯、仪表等布置在控制板上；接触器、热继电器、时间继电器等布置在电气板上；速度继电器等安装在转轴上。控制板和电气板之间通过端子排连接。自己绘制的元件、无法选择信号的元件也通过端子排连接在电路上，因此需要在连接端子排的位置插入"端子"。插入的端子会出现在端子排上。绘制端子的方法如下：

　　选择"原理"菜单，单击"绘制端子D"按钮，"端子设计"对话框中，选择"可拆卸端子"中"单点方向"，如图 2-15 所示。

　　然后分别单击插入端子的位置，如图 2-16 所示。

　　4. 生成元件明细表

　　(1) 型规选择。如果只绘制原理图不需要形成材料表、接线图、接线表等文件时，操作过程如上述 (1) ~ (5) 步骤。如果需要继续做其他操作，则型规选择十分关键，没有型号无法进行柜体设计，更不能形成材料表、接线图和接线表。型规选择时右边的"图像"窗口中可以看到接线图符号，此时需要注意元件极数和触点数量。型规选择方法如下。选择"原理"菜单，单击"型规选择X"按钮，出现如图 2-17 所示的"二次元件列

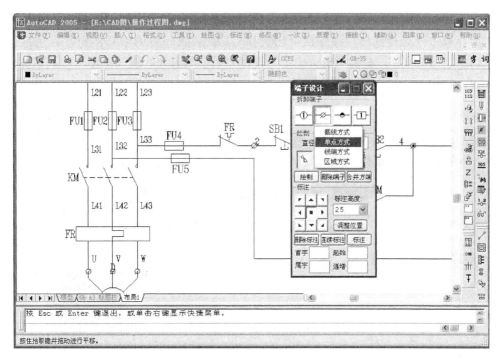

图 2-15　绘制端子

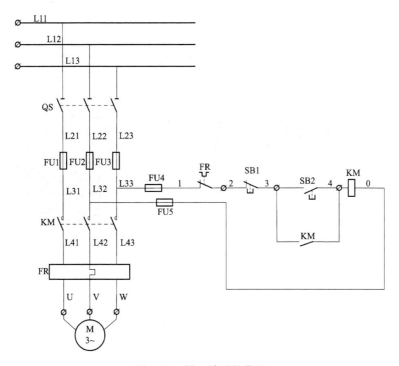

图 2-16　插入端子的位置

表”对话框。

　　“二次元件列表”对话框中选择“QS”，单击左下方的“选型”按钮，“元件选择”对话框的"索引"选项中选择"低压","小类"选项中选择"刀开关",表格内选择"隔离开关"后,单击"元件选择"按钮便可以选择 QS 表示的开关的型号。同样方法可以选择其他电器的型号和规格,最后单击"确定"按钮完成型规选择。选好的型号和规格如图 2-18 所示。

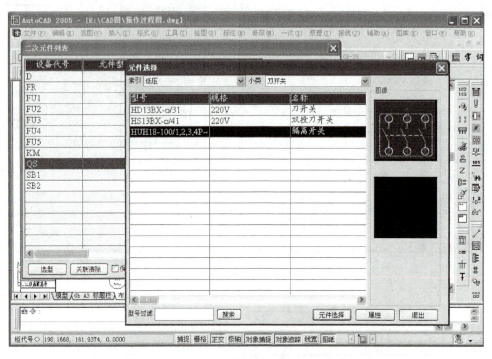

图 2-17　型规选择

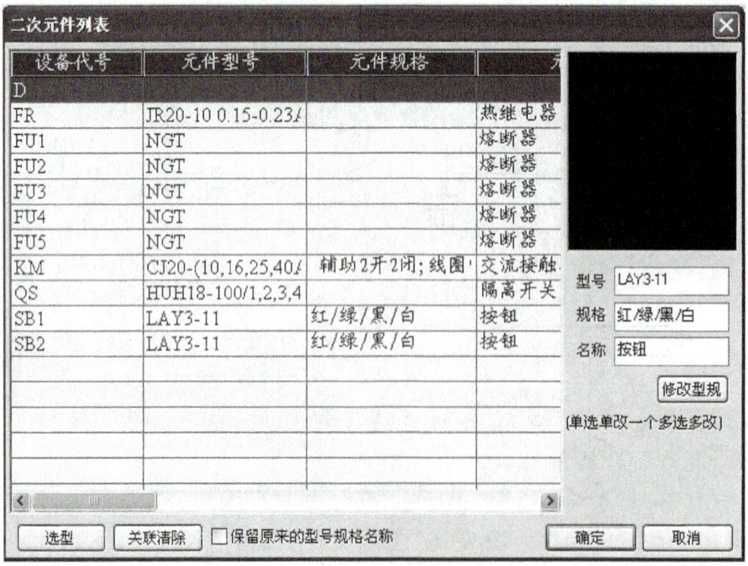

图 2-18　选好的型号和规格

(2) 材料表的生成。材料表也可以叫作元件明细表,它是元件序号、型号、规格、数量等信息组成的一个表格，材料表是电气图中的主要技术文件之一。表格生成的设备代号就是"3）代号标注"中所输入的元件代号。形成材料表的方法如下：

选择"原理"菜单，单击"材料表C"按钮。形成材料表分为两种方法。

（1）单击"导出"按钮，选择导出类型为"Excel2000"，对话框中输入名称为"连续运转控制电路的材料表"，单击"保存"按钮。这种方法的优点是形成的材料表可以在"Excel2000"中打开并进行编辑，如图 2-19 所示。

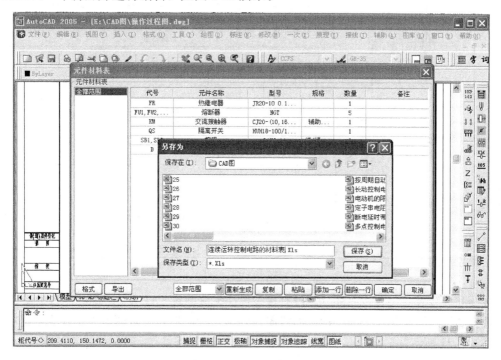

图 2-19　选择导出类型

用 Excel 软件打开并编辑过的材料表见表 2-1。

表 2-1　　　　　　　　　　　　　　　电气设备材料表

序号	代号	元件名称	型号规格	数量	备注
1	FR	热继电器	JR20-10 0.1-0.15A	1	
2	FU1～FU5	熔断器	RT14-20/□A2，4，6，10，20A	5	
3	KM	交流接触器	CJ20-（10，16，25，40A）-AC220V　辅助 2 开 2 闭；线圈电压 AC36，127，220，380V，DC48，110，220V	1	
4	QS	隔离开关	HUH18-100/1，2，3，4P-40，63，80，100A	1	
5	SB1，SB2	按钮	LAY3-11 红/绿/黑/白	2	

（2）材料表对话框中，单击"确定"按钮，然后在绘图区的合适位置单击，可以绘制材料表。默认模式形成的材料表是不能编辑的，需要编辑时重新形成，如图 2-20 所示。

5．设计标注形式

标注形式就是端子接线图上的元件端子与导线、端子排与元件端子之间的标注形式，它

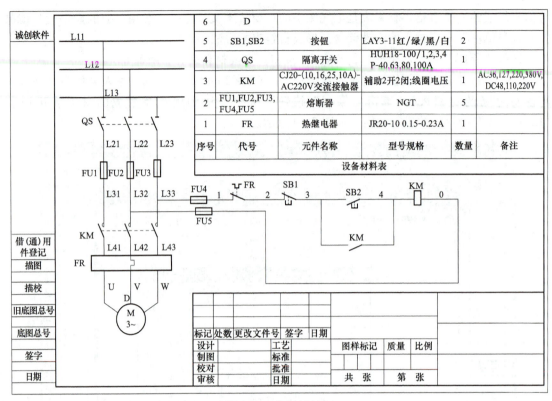

图 2-20　绘制材料表

是接线图和接线表的主要组成部分。没有接线标注无法确定元件端子之间的连接关系。

选择"接线"菜单，单击"标注形式B"按钮，"标注形式"对话框中选择合适的标注形式，如图 2-21 所示。

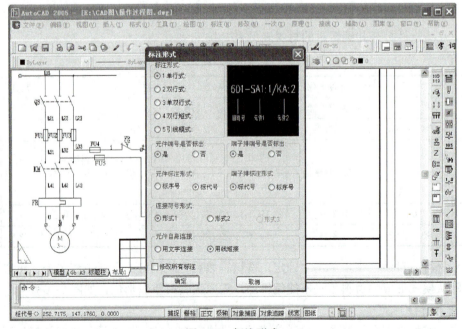

图 2-21　标注形式

6. 柜体设计

柜体设计是元件布局设计，电气接线工艺中元件布局的好坏直接影响布线。布局不合理会导致交叉线太多，元件间的距离不合理会造成接线板不够用，元件太近会产生互相干扰。布局时按钮、仪表、信号等布局在直接看到的位置（最好在门板上）；接触器、继电器、自动开关等布局在接线板上；电源线、电动机、按钮等通过端子排连接；电源开关、熔断器等布局在接线板上方；接触器、继电器布局在接线板中间；端子排在下方，按钮布局在右边。每行或列中的电器数量根据接线板的大小确定。电动机、变压器等设备因为体积大，不适合布局在接线板上。以上信息实验室进行电器安装工艺实训总结和实际开关柜内观察得到的，仅供参考。具体设计方法如下：

选择"接线"菜单，单击"柜体设计G"按钮，柜体设计对话框如图 2-22 所示。

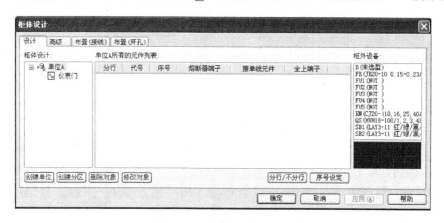

图 2-22　柜体设计对话框

单击"创建分区"按钮，创建分区对话框中输入分区名称。本例按照实验室使用的接线网板情况进行设计，单击"确定"按钮，如图 2-23 所示。

图 2-23　创建分区

选择新建的分区名称"实验网板"，逐个双击柜外设备列表上的元件，布置在实验网板内。输入序号，通过双击元件所在的行来进行"分行"，选择熔断器端子，如图 2-24 所示。

图 2-24　分行

单击布置选项卡，观察元件布局情况，如图 2-25 所示。

7. 端子排设定

端子排也可以叫作端子板，是板与板之间、控制板与按钮之间、控制板与电动机之间、控制板与电源之间的连接器。端子排的设计会影响布线质量。选择"接线"菜单，单击"端子排设定D"按钮，端子排设定对话框如图 2-26 所示。

端子排设定对话框中没有接地端子，此时应单击"插入端子"并插入接地端子"PE"，单击"确定"按钮结束设计。

8. 元件布局

元件布局是形成接线图的前提条件，布局情况就是柜体设计内设定的结果，布局中的五

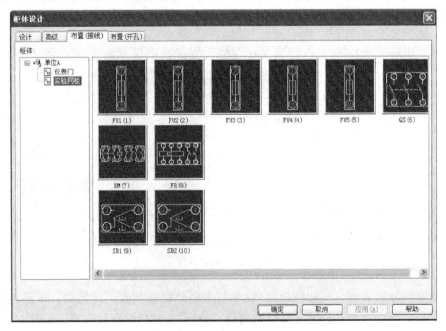

图 2-25　元件布局情况

图 2-26　端子排设定

个熔断器元件布局中看不到，形成接线图时会自动形成熔断器排。操作方法如下：选择"接线"菜单，单击"元件放置Y"按钮，元件放置对话框如图 2-27 所示。

布局图中的元件型号太长，会造成接线编号和型号重叠在一起而无法看清编号，如果不需要型号可以取消型号，方法是取消型号前的"√"，单击"自动形成"按钮，元件布局放在屏幕的合适位置，并进行适当手工调整位置，结果如图 2-28 所示。

有时自动布局不一定能够满足需要，如果不合适还可以进行手工调整元件的位置。

9．形成接线图

接线图是表示元件的位置、元件端子之间的连接关系，并在布线工艺中占有主导地位的

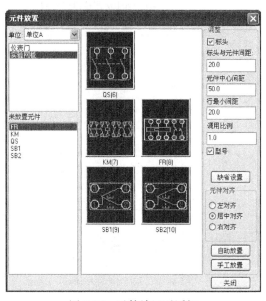

图 2-27　元件放置对话框

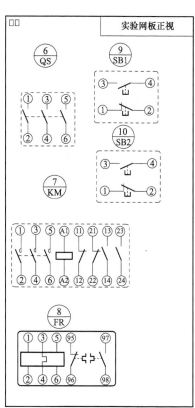

图 2-28　元件布局图

技术图样。如果接线人员能看懂接线图，无论电气设备多么复杂都能够接线。手工绘制接线图需花费大量的时间且出错率高，没有统一标准。目前我国自己研发的 SuperWORKS、诚创电气 CAD 等软件使用非常方便，都可以自动形成接线图，且速度非常快，出错率低，可以绘制出符合国家标准的高质量的电气图，形成接线图的方法如下：

　　选择"接线"菜单，单击"自动形成Z"按钮，形成的端子排和熔断器排布置在适当位置后自动形成接线图，如图 2-29 所示。

10. 形成接线表

接线表是电气图中与接线图同等地位的技术文件，没有接线图有接线表也可以接线。接

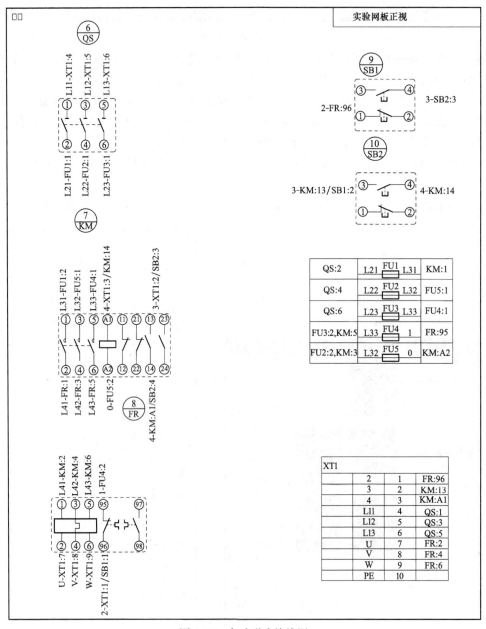

图 2-29　自动形成接线图

线表的形成有按原理图形成接线表和按接线图形成接线表两种途径。如果接线图没有修改（没有补缺的导线等），则两种途径形成的接线表的内容一样，否则不一样。根据实际情况合理选择接线表的形成方式。方法如下：

选择"接线"菜单，单击"接线表J"按钮，接线表形成对话框，如图 2-30 所示。

选择接线图形成方式，单击"生成接线表"按钮来形成接线表，如图 2-31 所示。

图 2-30　接线表形成对话框

图 2-31　形成接线表

　　单击"绘制"按钮，并在命令提示行输入行数，选择屏幕的合适的位置可以绘制接线表，接线表见表 2-2。

表 2-2　　　　　　　　　　　　　　　　形成的接线表

序号	回路线号	起始端号	末端号	序号	回路线号	起始端号	末端号
1	L11	QS-1	XT1-4	15	L33	KM-5	FU4-1
2	L12	QS-3	XT1-5	16	0	KM-A2	FU5-2
3	L13	QS-5	XT1-6	17	L32	KM-3	FU5-1
4	3	KM-13	XT1-2	18	L41	KM-2	FR-1
5	4	KM-A1	XT1-3	19	L42	KM-4	FR-3
6	2	FR-96	XT1-1	20	L43	KM-6	FR-5
7	U	FR-2	XT1-7	21	3	KM-13	SB2-3
8	V	FR-4	XT1-8	22	4	KM-14	SB2-4
9	W	FR-6	XT1-9	23	2	FR-96	SB1-1
10	L21	QS-2	FU1-1	24	3	SB1-2	SB2-3
11	L31	KM-1	FU1-2	25	4	KM-A1	KM-14
12	L22	QS-4	FU2-1	26	L32	FU2-2	FU5-1
13	L23	QS-6	FU3-1	27	L33	FU3-2	FU4-1
14	1	FR-95	FU4-2				

11. 填写标题栏

　　标题栏是用来确定图样名称、图号、张次、更改和有关人员签名等内容的栏目，等于图样的"铭牌"。标题栏的位置一般在图纸的右下方或右方。标题栏中的文字方向为看图方向，会签栏是提供各相关专业的设计人员会审图样时签名和标注日期用。

　　填写标题栏有两种方法，一种是用鼠标左键双击标题栏的边框会打开标题栏填写窗口；另一种方法是选择"辅助"菜单，选择"标签填写X"按钮，鼠标箭头变成一个小方框，然后单击标题栏边框，结果如图 2-32 所示。

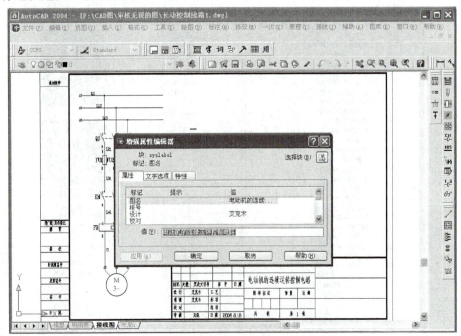

图 2-32　标题栏边框

12. 输入文本

有时需要在电路图上的适当位置输入电路的一些说明，工作原理，各部分的功能等，这时可以借助于 CAD 的文字输入功能输入文本。输入方法如下：

选择"绘图"菜单中的"文字"，再选择"多行文字"按钮，如图 2-33 所示。

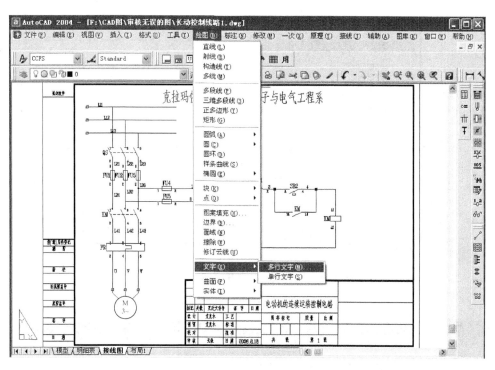

图 2-33　输入文本对话框

画图区的适当位置拖出一个文本区时会出现文本编辑窗口，窗口上输入文本、选择字体、输入字号，如图 2-34 所示。

单击"确定"按钮，结果如图 2-35 所示。

以上详细介绍了电气原理图、材料表、端子排、接线图、接线表等主要电气图的绘制过程。通过进一步的学习和练习，在绘制其他不同电气图的过程中不断积累和总结经验，通过观察电气控制电路的实际接线工艺和参考不同教材绘制电气图的方法，最终能够绘制出符合国家标准的电气图。

2.2.2　Auto CAD Electrical 软件的使用

Auto CAD Electrical 是一个功能强大的电气制图软件，绘图界面友好。使用本软件的前提是电脑上要安装此软件并能正常运行，硬盘至少有 1GB 左右的硬盘空间。

1. 运行 Auto CAD Electrical

运行 Auto CAD Electrical 有两种方法，一种是双击屏幕上的快捷方式"AutoCAD Electrical"；另一种方法是单击"开始"按钮，选出"程序"中的"AutoDesk"，再选择"AutoCAD Electrical"运行"AutoCAD Electrical"。运行后的绘图界面如图 2-36 所示。

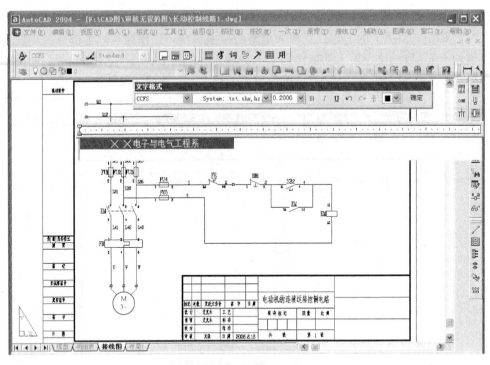

图 2-34　输入文本，选择字体、输入字号

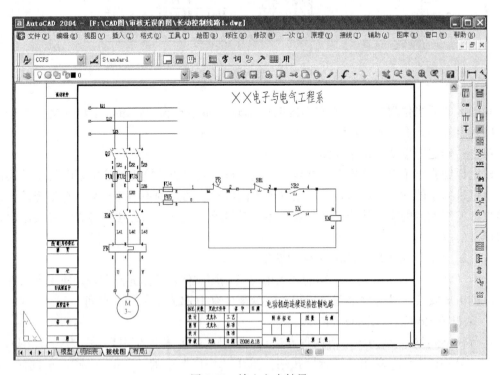

图 2-35　输入文本结果

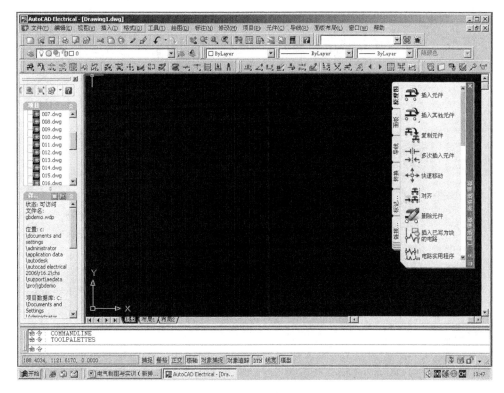

图 2-36　AutoCAD Electrical 绘图界面

绘图界面包括绘图区、菜单栏、常用工具栏、项目管理与项目信息窗口，工具面板窗口，命令输入窗口等几部分。

2. 绘图环境设计

（1）更改绘图区底色。绘图区底色为黑色。为看清绘图过程，现将绘图区的底色改成白色。操作如下：在绘图区域的任何位置上单击鼠标右键时会出现一个快捷菜单，如图 2-37 所示。

选择菜单中"选项"命令，又出现一个"选项卡"，如图 2-38 所示。

单击选项卡中"显示"选项，屏幕上出现"当前配置"选项，如图 2-39 所示。

单击"颜色"命令按钮时，出现"颜色"修改窗口。在颜色下拉列表中选择合适的颜色，单击"应用并关闭"命令按钮，单击"确定"命令按钮就可以更改底色，如图 2-40 所示。

以上方法可以更改绘图区的底色，更改底色后的绘图界面，如图 2-41 所示。

（2）使用模板。AutoCAD Electrical 安装的模板集（＊. dwt 文件）中包括适用于各种图形（例如 acad. dwt 和 ACAD_ELECTRICAL. dwt）的设置。

绘图者可以创建自己的模板，也可以将任何图形用作模板。将图形用作模板时，该图形中的设置即被用在新图形中。

要使 AutoCAD 图形与 AutoCAD Electrical 兼容，需要使用 AutoCAD Electrical 命令修改 AutoCAD 图形。

为新图形选择模板如下：

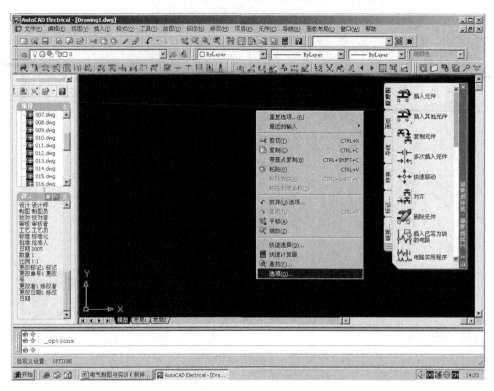

图 2-37　绘图环境设计下拉菜单

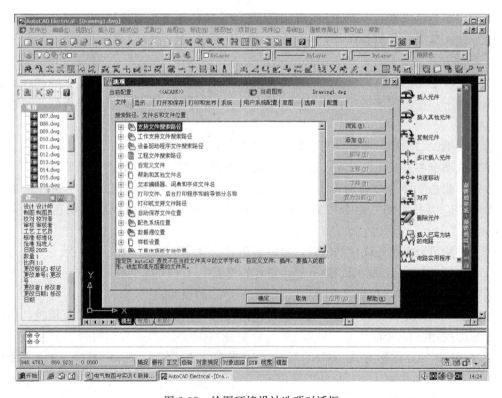

图 2-38　绘图环境设计选项对话框

图 2-39 绘图环境设计选项卡

图 2-40 "颜色"修改窗口

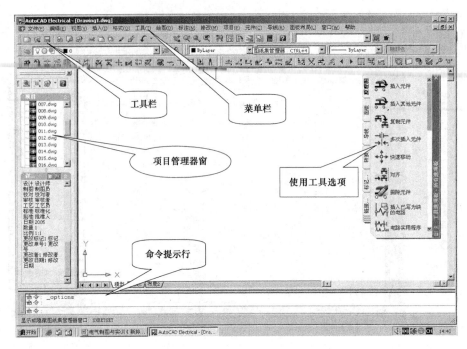

图 2-41 更改底色后的绘图界面

1）单击"文件""新建"按钮。

2）在"选择样板"对话框中，选择"ACAD_ELECTRICAL.dwt"，然后单击"打开"按钮，如图 2-42 所示。

图 2-42 "选择模板"对话框

3）单击"图形配置"工具。选择菜单"项目""图形配置"。此时 AutoCAD Electrical 警告。必须将 WD_M 块添加到空白图形中。此智能块包括 AutoCAD Electricalt 图形的所有配置设置。

4）单击"确定"按钮。将在 0，0 处插入不可见的 WD_M 块。此时将显示 AutoCAD Electrical 配置对话框。

5）检查"图形配置和默认值"对话框中的各个选项，单击"确定"按钮。

6）打开"另存为"命令，菜单中"文件""另存为"按钮。

7）导航到"Documents and Settings"下面几个目录中的"Aegs"文件夹（Application Data \ Autodesk \ AutoCAD Electrical \ R16. 2 \ chs \ Support \ AeData \ Proj）。

保存位置，Aegs 是文件名。输入 DEMO10. dwg，如图 2-43 所示。

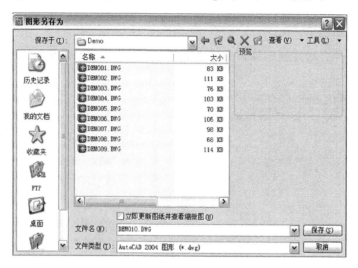

图 2-43　"图形另存为"对话框

8）单击"保存"按钮。

（3）使用项目。为方便起见，现为本书中的练习选择一个项目文件。选择 AutoCAD Electrical 项目方法如下：

1）单击"项目管理器"工具。

2）在"项目管理器"增强的辅助窗口（ESW）中，单击项目选择箭头并选择"打开项目"。

3）在"选择项目文件"对话框中，从 AeData/Proj/Aegs 目录中选择 AEGS. wdp，如图 2-44所示。

图 2-44　"选择项目文件"对话框

4）单击"打开"按钮。

（4）在项目中添加图形。任何时候都可以将新图形添加到项目中。

1）"项目管理器"增强辅助窗口中，在 AEGS 上单击鼠标右键，选择"添加图形"。

2）在"选择要添加的文件"对话框中，选择图形 DEMO01. dwg 至 DEMO10. dwg，然后单击"添加"。在"项目管理器"增强辅助窗口中将列出 AEGS 文件夹下的文件。此时即可访问完成本书练习所需的文件。

（5）为添加的图形添加描述。

1）"项目管理器"增强辅助窗口中，在 DEMO10. dwg 上单击鼠标右键，然后选择"特性"按钮。

2）在"特性：分区/子分区代号和图形描述"对话框中指定此图形的可选描述"Reporting"，如图 2-45 所示。单击"确定"按钮。

3）在"项目管理器"增强辅助窗口中，亮显 DEMO10. dwg。

4）在"项目管理器"增强辅助窗口的"详细信息"区域，查看图形描述。亮显图形文件时，图形的详细信息将更新并一直可见，直到选择新的图形文件。

图 2-45　为添加的图形添加描述

显示的信息包括状态、文件名、文件位置、文件大小、上次保存日期及上次修改该文件的用户的姓名。

（6）查看项目中的图形。

1）在"项目管理器"增强辅助窗口中，亮显 DEMO04. dwg。

2）在"项目管理器"增强辅助窗口的"详细信息"区域，单击"预览"按钮。

3）继续单击要预览的图形的名称，或使用上下箭头键滚动图形文件。

4）查看完图形后，单击"详细信息"以返回到图形的详细信息视图。

（7）在打开图形时查看项目图形。

1）在"项目管理器"增强辅助窗口中，双击"DEMO04. dwg"按钮。

2）查看图形，单击"上一个项目图形"和"下一个项目图形"按钮。单击导航工具时，将会打开一个新窗口并关闭原来窗口，除非单击导航工具时按住了 Shift 键。

不能在与活动项目不相关的图形之间移动。

3. 电气控制原理图的绘制

在"项目管理器"增强辅助窗口中，双击"DEMO04. dwg"可以打开 DEMO04 模板。绘图区调置为适当大小。绘制原理图有两种方法供参考，一种是先布置元件后连接导线（Protel 99 SE 中绘制电子电路时特别适合此方法）；另一种是先绘制导线再插入元件（AutoCAD Electrical 2 中绘制电气图特别适合此类方法）。先绘制导线再插入元件时元件方向自动调整，导线自动连接，绘图更快。

（1）绘制导线。导线为三相无中性线（零线）的导线，绘图时用三根平行线来表示，文

字符号为 L1，L2，L3。三相有中性线
（零线）的导线，绘图时四根平行线来表
示，文字符号为 L1，L2，L3，N。

单相导线在绘图时用单根线表示。
如图 2-46 所示中主电路的三根为三相导
线，辅助控制电路中的线为单相线。

以下介绍导线的绘制方法：

1）绘制三相导线。单击"菜单"上
的"导线"按钮，下拉菜单中选择"插入
三相线"，如图 2-47 所示。

单击插入"三相母线"屏幕上会出现
"三相线母线"对话框，如图 2-48 所示。

选择导线的绘制方向，更改间距，默
认值为水平间距 40mm，垂直间距 20mm。

选择"空白区域""水平走线"，间距
设为 30mm 并单击"确定"命令。

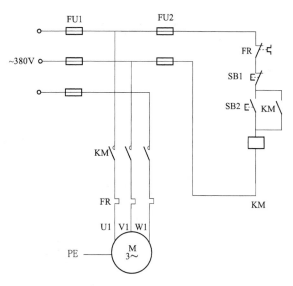

图 2-46　三相异步电动机的单向运行控制线路

绘图区中选择合适的位置，向右拖动鼠标可以绘制水平三相线。向下拉鼠标可以绘制连
续的垂直三相线，如图 2-49 所示。

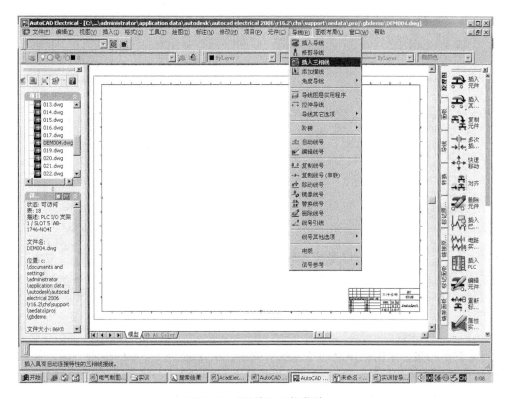

图 2-47　"导线"下拉菜单

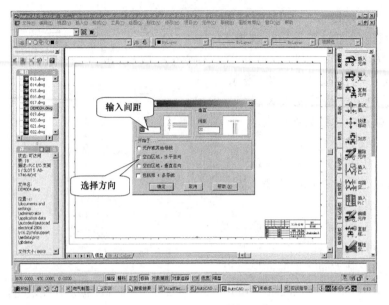

图 2-48　"三相线母线"对话框

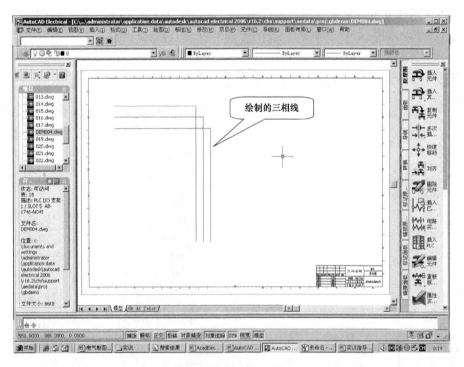

图 2-49　绘制三相线

2）绘制单相线。单击菜单上的"导线"按钮，出现的下拉菜单中单击"插入导线"后，在绘图区中水平方向拖动鼠标会出现水平单相线。拐弯时点一下鼠标左键再拖动鼠标可以画垂直单相线，如图 2-50 所示。

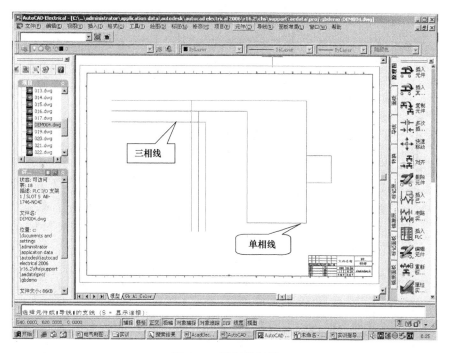

图 2-50　绘制单相线

（2）插入元件。插入三相电源开关（原图中没有画出），单击菜单中的"元件"，在下拉菜单中选择"插入元件"，如图 2-51 所示。

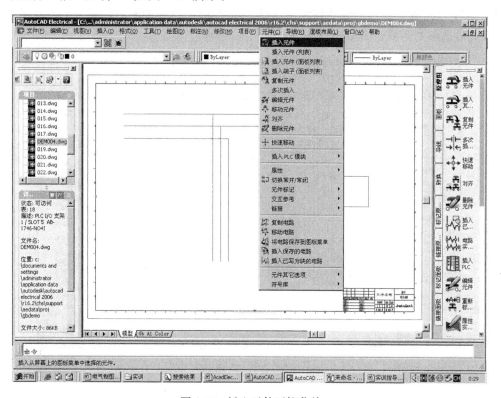

图 2-51　插入元件下拉菜单

　　屏幕中会出现"插入元件"对话框，如图 2-52 所示。

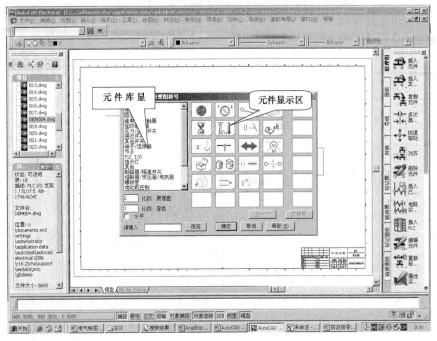

图 2-52　"插入元件"对话框

　　在对话框左边列出的元件库中选择元件，修改元件比例和方向，比例改为 4。选择"断路器/隔离开关"库，右边的元件列表中选择"断路器"。选择的断路器符号插入至导线上时会出现元件属性对话框，如图 2-53 所示。

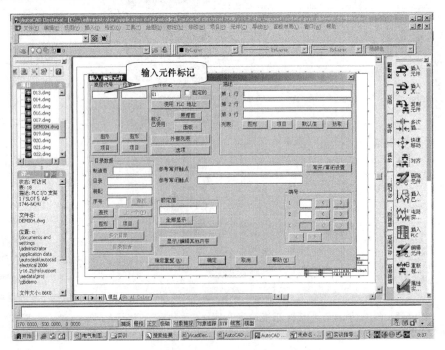

图 2-53　"元件属性"对话框

元件标记改为"QS"，其他选项暂时默认，单击"确定"命令按钮，元件会自动插入到导线上，导线自动连接到元件接线端子上，如图 2-54 所示。

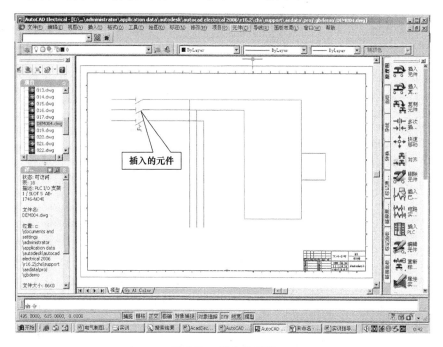

图 2-54　插入的元件

元件标记为黄色看不清，光标移到元件上（注意元件变成双虚线时），双击元件会出现元件属性编辑器，如图 2-55 所示。

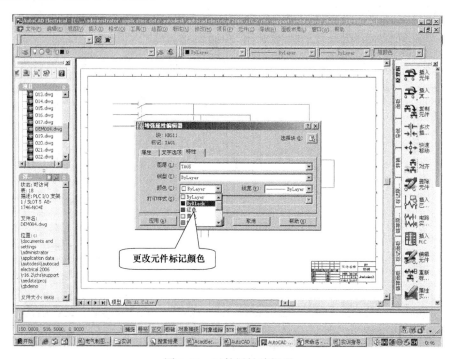

图 2-55　元件属性编辑器

选择"特性"选项，颜色下拉列表中选择黑色，并单击"确定"。QS 会变成黑色可见，如图 2-56 所示。

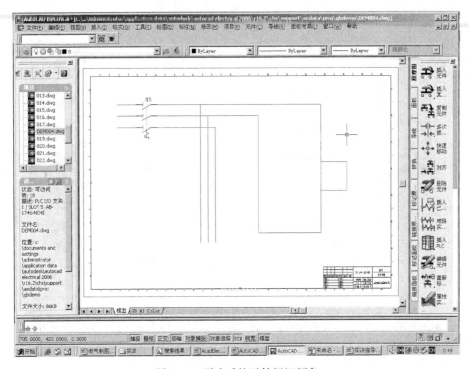

图 2-56 更改后的元件标记颜色

插入其他元件，更改元件属性方法与上述相同，不再一一介绍。插入所有元件并更改元件属性、颜色后的情况，如图 2-57 所示。

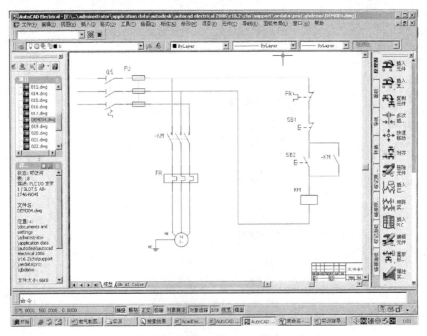

图 2-57 更改其他元件属性、颜色后的图

（3）对电路中的导线进行编号。对电路中的元件和导线进行编号是电气制图中非常重要、频繁的一个操作。原理图上的编号和接线图上的编号必须一致。

下面分别对主电路和控制电路的导线进行编号。编号方法分为两种，一种是自动编号，元件比较多时适合这个方法；另一种是手动编号。

1）手动编号。单击菜单中"导线"下拉菜单中选择"编辑线号"，如图 2-58 所示。

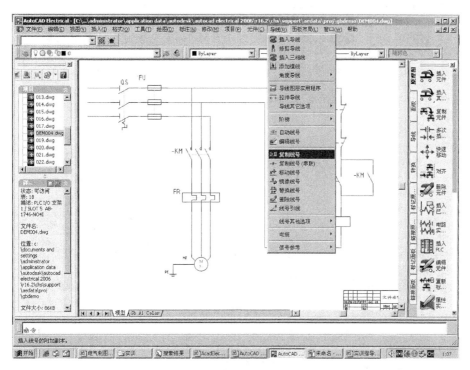

图 2-58　编辑线号

单击想要编号的导线，对话框中输入导线编号，单击"确定"命令按钮。本例中主电路采用手动编号，如图 2-59 所示。

2）自动编号。元件比较多的情况下使用此方法。本例中控制电路采用自动编号方法。

单击菜单上的"导线"选择"自动线号"自动编号对话框，如图 2-60 所示。

输入导线起始编号为"0"，单击"拾取各条导线"选择被编号的区域，单击"回车"键。编号结果如图 2-61 所示。

（4）电路图上输入文本。选择菜单"绘图"，选择"文字"，选择"多行文字"，如图 2-62所示。

画图区中双击输入文字的区域。在对话框中选择字体，修改字体号，字体号设为 20 后回车，选择输入法并输入汉字，回车，如图 2-63 所示。

输入"三相异步电动机的连续运行控制线路"文本后，如图 2-64 所示。

（5）输入标题栏信息。将光标移至右下角的表格上（注意观察表格变成双虚线时），双击可打开修改窗口并输入相关项，如图 2-65 所示。

　　输入项目名称、文件名称、图号、设计人名称、制图人名称，日期等信息，如图 2-66 所示。

　　AutoCAD Electrical 软件的使用方法先介绍至此，其他内容可以参考软件使用说明书。

图 2-59　输入线号

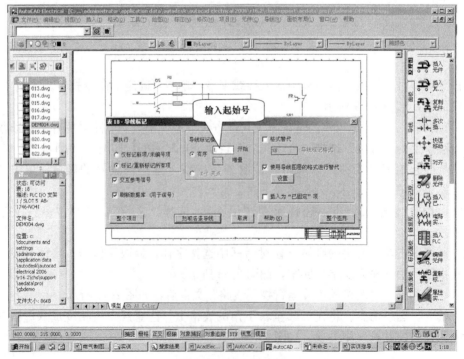

图 2-60　输入起始号

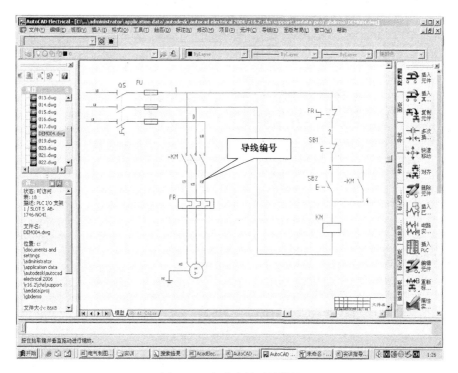

图 2-61　自动编号后的结果

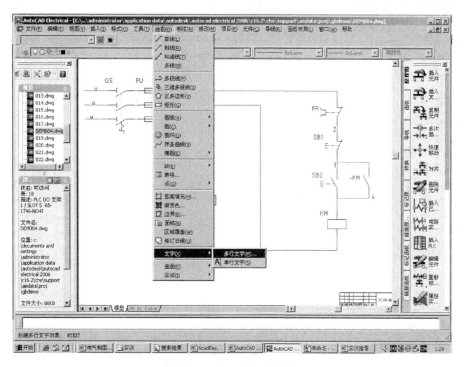

图 2-62　输入多行字菜单

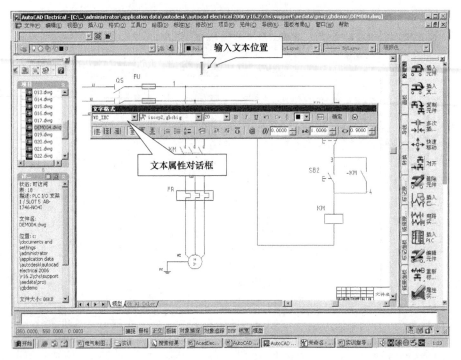

图 2-63　文本属性对话框

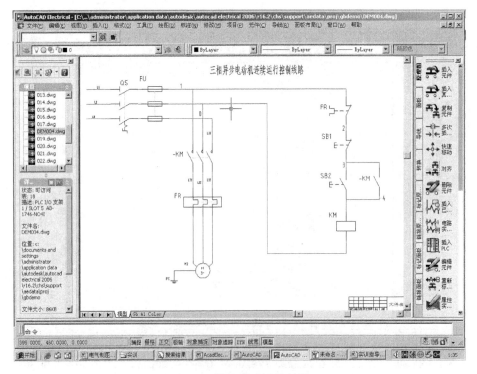

图 2-64　输入文本后的结果

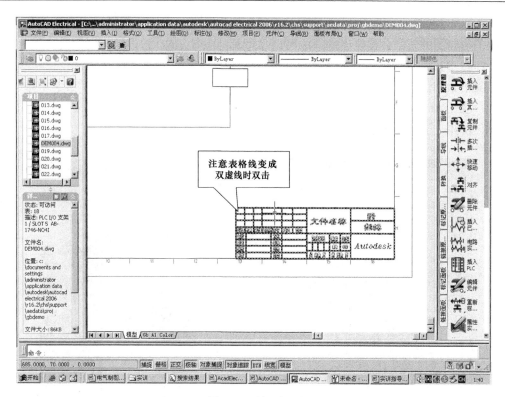

图 2-65　输入标题

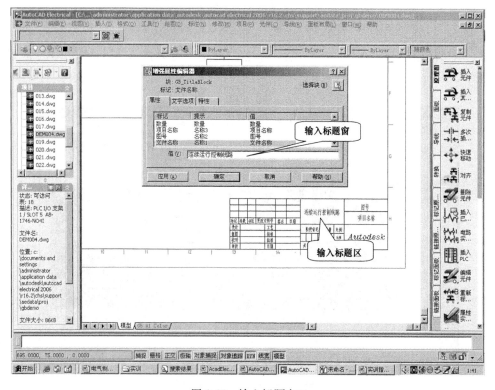

图 2-66　输入标题窗口

用 AutoCAD Electrical2006 绘制端子接线图需要端子接线图专用模块，元件明细表的生成，端子接线图的绘制，接线表的形成可以参考其他电气 CAD 软件的使用方法。

2.2.3　SuperWORKS 软件的使用

1. 运行软件

（1）双击桌面上的"SuperWORKS R7.0"快捷图标"可以运行 AutoCAD Super-WORKS 软件，运行界面如图 2-67 所示。

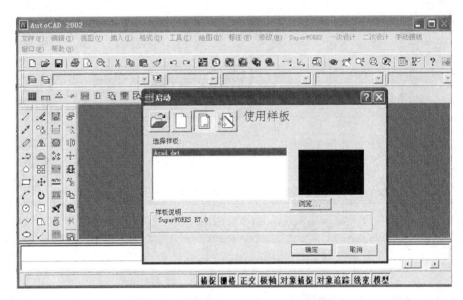

图 2-67　SuperWORKS 软件的运行界面

（2）选择使用模板"Aced.dwt"后，单击"确定"可以进入 SuperWORKS 的设计界面，如图 2-68 所示。

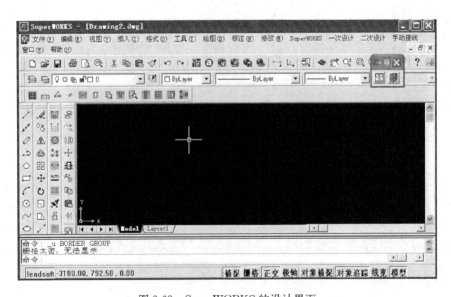

图 2-68　SuperWORKS 的设计界面

2. 绘图环境设置

（1）选择菜单"SuperWORKS"，下拉菜单中选择"环境设置"，再按下选项中的"绘图环境初始化"按钮，如图 2-69 所示。

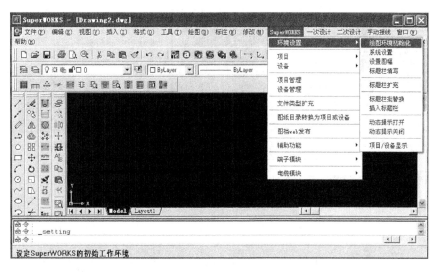

图 2-69　绘图环境初始化

（2）选择菜单"SuperWORKS"，下拉菜单中选择"环境设置"，再按下选项中的"系统设置"按钮，并选择相关项后按"确定"按钮，如图 2-70 所示。

图 2-70　系统设置

（3）选择菜单"SuperWORKS"，在下拉菜单中选择"环境设计"，再按下选项中的"图幅设计"，选择"标准图幅""图幅方向""分区选择"。本例中选择 A4 图幅，方向为横向，分区垂直方向为 4、水平方向为 6，单击"确定"按钮，如图 2-71 所示。

（4）选择菜单"SuperWORKS"，下拉菜单中选择"环境设计"，再按下选项中的"标题栏填写"，在标题栏对话框中输入相关信息，如图 2-72 所示。

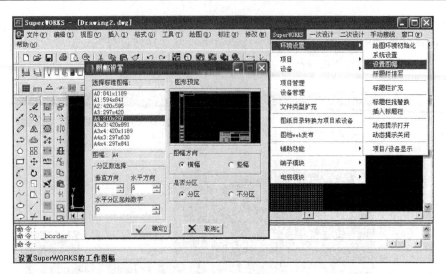

图 2-71　图幅设计

图 2-72　标题栏填写

　　输入标题栏信息后单击"确定"按钮,填写的信息出现在图纸边框内的标题栏区,如图 2-73 所示。

　　3. 绘制原理图

　　(1) 布置元件,连线导线。绘制电路图时对于图纸较大、内容多的情况,主电路和控制电路可以绘制在两张图纸上。本例中的内容不多,所以绘制在一张图纸上供大家参考。选择菜单"二次设计",下拉菜单中选择"二次符号调用",如图 2-74 所示。

　　元件调用对话框中选择主电路所需要的元件布置在绘图区中,按下"自动连线"工具并选择自动连线区域,元件会自动连线,如图 2-75 所示。

　　采用以上方法布置控制电路上的元件并进行连线,如图 2-76 所示。

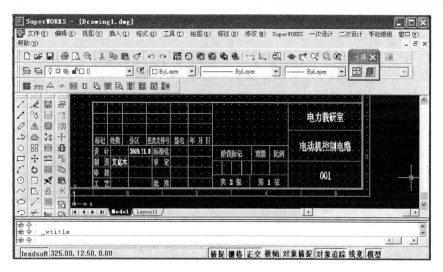

图 2-73　标题栏信息

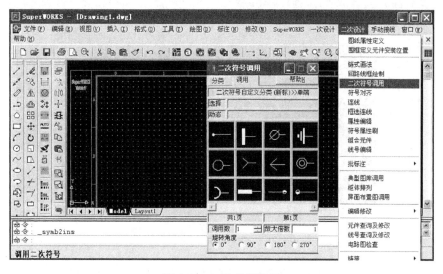

图 2-74　二次符号调用

（2）元件代号、型号、元件端子号设计。双击元件的图形符号，在元件属性编辑对话框中输入相关信息，单击"确定"按钮，如图 2-77 所示。

注意：本例中刀熔开关的标号为 QS，型号为 HG1，端子编号为（1、2），（3、4），（5、6）；接触器的标号为 KM，型号为 CJX1-F9，三对主触点的端子编号为（1、2），（3、4），（5、6），线圈的端子编号为（A1、A2），常开辅助触点的端子编号为（13、14）；热继电器的标号为 FR，型号为 JR16，热触点片的端子编号为（1、2），（3、4），（5、6），常闭触点的端子编号为（95、96）；停止按钮的标号为 SB1，型号为 LA18-11，端子编号为（3、4）；起动按钮的标号为 SB2，型号为 LA18-11，端子编号为（1、2）。以上都是参考数据，设计者可以根据需要来选择。

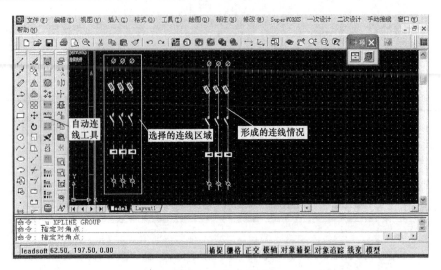

图 2-75　自动连线

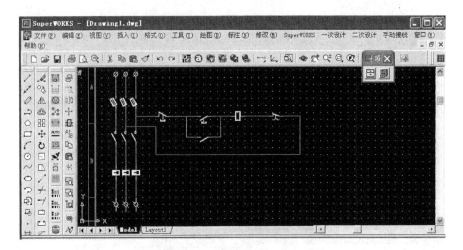

图 2-76　布置元件并进行连线

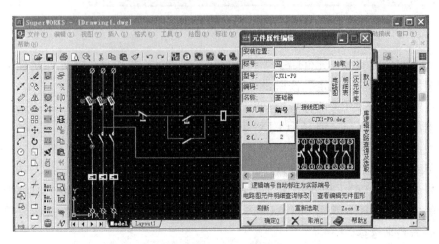

图 2-77　元件代号、型号、元件端子号设计图

（3）设计导线编号。双击要设计编号的导线，导线设计对话框中输入导线号并按确定，选择下一个导线双击打开导线编号设计对话框并输入导线号，依次类推，直至输入完所有导线编号，如图 2-78 所示。

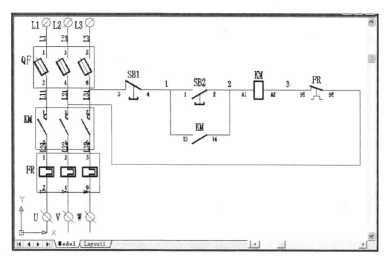

图 2-78　绘制好的电路图结果

4. 设计元件明细表

（1）选择菜单"二次设计"，下拉菜单中选择"二次接线"，选项中选择"明细表生成"，如图 2-79 所示。

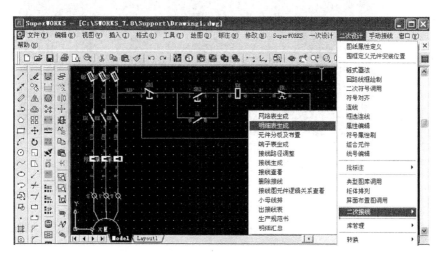

图 2-79　明细表生成

（2）安装位置下的方框内，点下鼠标后出现"√"符号的同时，下方边框内出现元件列表，如图 2-80 所示。

（3）按下"输出图形"按钮，在屏幕上确定位置后往下移动鼠标可以绘制元件明细表，如图 2-81 所示。

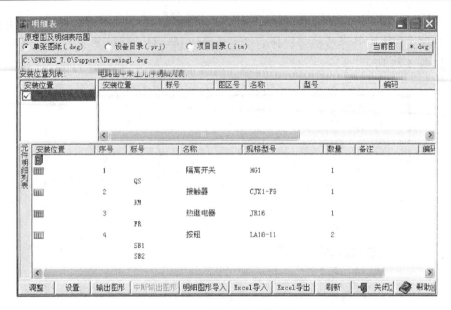

图2-80　明细表中元件列表

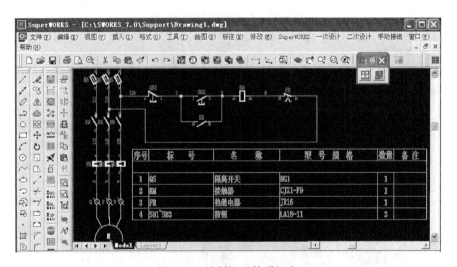

图2-81　绘制的元件明细表

5. 端子排设计

（1）选择菜单"二次设计"，下拉菜单中选择"二次接线"，选项中选择"端子表生成"，如图2-82所示。

端子表生成器如图2-83所示。

（2）单击"新建"按钮，输入端子排名；选择新建的端子排，按"自动上端子"按钮，回路号前有"A"标志的自动上端子。

注意：按"自动上端子"按钮后没有分支导线的元件自动上端子，有分支的需要进行手动上端子，手动上端子时双击导线编号，选择端子两边的元件后确定，结果如图2-84所示。

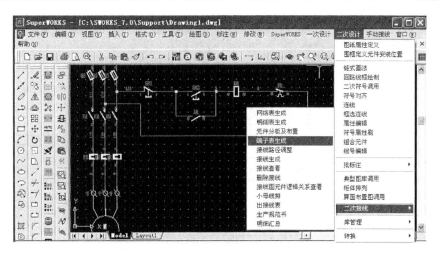

图 2-82 端子表生成过程

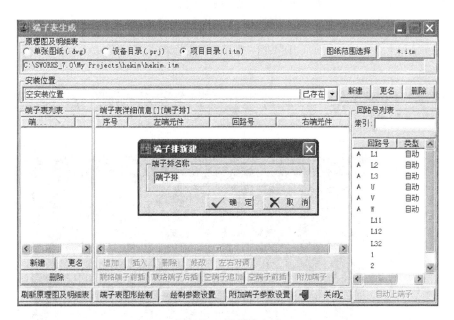

图 2-83 端子排生成

（3）单击"端子表图形绘制"按钮，在屏幕上确定绘制位置并向下移动鼠标可以绘制端子排，如图 2-85 所示。

6. 元件布置

（1）选择菜单"二次设计"，下拉菜单中选择"二次接线"，选项中选择"元件分板及布置"，如图 2-86 所示。

"元件分板及布置"设计器如图 2-87 所示。

（2）对所布置的元件进行分板、分行，板前接线或板后接线等设计后单击"布置"按钮，如图 2-88 所示。

图 2-84　端子排列表结果

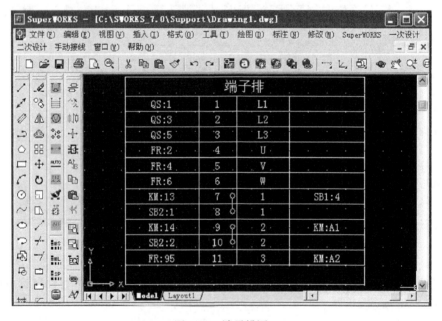

图 2-85　端子排图

7. 接线生成

（1）选择菜单"二次设计"，下拉菜单中选择"二次接线"，选项中选择"接线生成"，如图 2-89 所示。

（2）接线生成器中，按"端子接线生成"按钮，生成的接线图如图 2-90 所示。

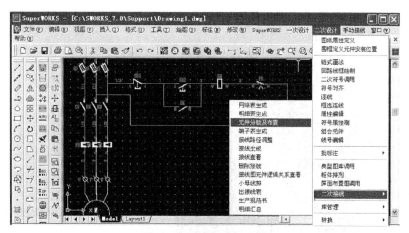

图 2-86　元件布置操作图

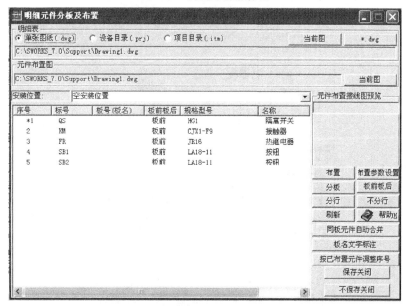

图 2-87　元件分板及布置

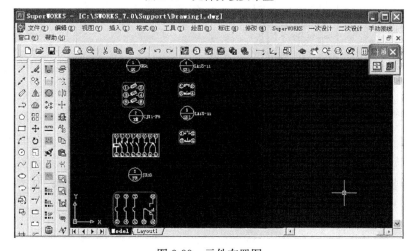

图 2-88　元件布置图

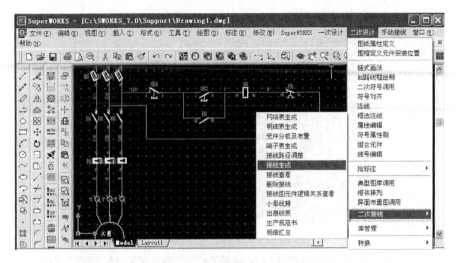

图 2-89　接线生成操作图

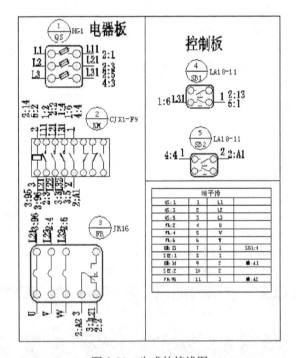

图 2-90　生成的接线图

8. 接线表生成

（1）选择菜单"二次设计"，下拉菜单中选择"二次接线"，选项中选择"出接线表"，如图 2-91 所示。接线表生成器如图 2-92 所示。

（2）选择接线表输出方式，接线表格式，单击"输出"按钮。本例中选择了"Excel"文件格式。表格适当进行修改后可以得到结果见表 2-3。

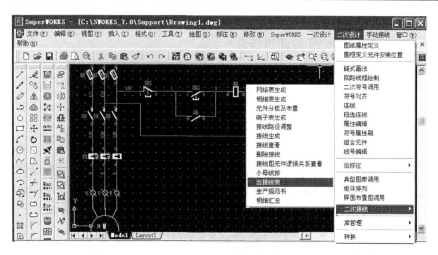

图 2-91 接线表操作图

图 2-92 接线表生成

表 2-3

接 线 表

安装位置	序号	接线号 1	接线号 2	安装位置	序号	接线号 1	接线号 2
	1	L11-1：2	L11-2：1		8	L32-2：6	L32-3：5
	2	L12-2：2	L12-3：1		9	1-2：13	1-4：4
	3	L21-1：4	L21-2：3		10	1-4：4	1-5：1
	4	L21-2：3	L21-3：96		11	2-2：14	2-2：A1
	5	L22-2：4	L22-3：3		12	2-2：A1	2-5：2
	6	L31-1：6	L31-2：5		13	3-2：A2	3-3：95
	7	L31-2：5	L31-4：3				

SuperWORKS 的使用方法介绍至此，其他功能请使用者自行学习。

2.2.4　EPLAN Electric P8 的使用方法

1. 电气图的绘制

（1）绘制主电路。

1）绘制电源。绘制主电路时电源从外网引入，外网引入的线接在端子排端子，从端子排引入的线接在开关设备上。三相三线制电源可以用端子排上的三个端子表示，所以需要先

绘制端子。主电路开头的三个端子代表三相电源，端子的方向和文字代号的位置可以用按住"Ctrl"键和移动鼠标来调整，符号上出现的蓝色弧线的位置就是文字符号的位置，如图 2-93 所示。

图 2-93　调整端子的方向

绘制端子后用"黑盒子"绘制工具绘制虚线框，按以上方法绘制好的电源如图 2-94 所示。

2）绘制开关。考虑漏电、短路等保护问题，本电路中使用"断路器"。操作方法如下：

"插入"菜单中选择"符号"，打开符号筛选器，符号"树"中选择"IEC-symbol"并单击，选择"电气工程"并单击，选择"安全设备"并单击，选择"安全开关"，如图 2-95 所示。

注意：操作方法如下："插入"菜单中选择"符号"可以打开符号筛选器，符号"树"中选择"IEC-symbol"并单击，选择"电气工程"并单击，选择"安全设备"并单击，选择"安全开关"选项。

图 2-94　黑盒子绘制的电源

在以后的内容中上述操作方法的描述用下面的格式表示。操作方法如下：选择"插入"

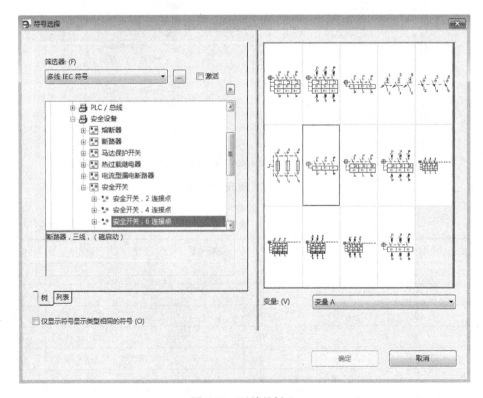

图 2-95　开关的插入

→"符号"→"树"→"IEC-symbol"→"电气工程"→"安全设备"→"安全开关，6连接点"。

3）设备的连接。电源端子和三相断路器的连接方法如下。单击"连线工具箱"中的"左下角（F4）"工具，连接符号工具箱如图2-96所示。

鼠标移到L1和断路器的1号端子的交叉点上是L1和1号端子用红色导线自动连接→鼠标顺着如图2-97所示的蓝色线向右下的5号端子方向移动到L3和5号端子的交叉点上时三相导线绘制自动连接。如图2-97所示。

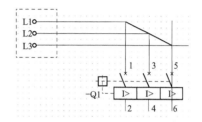

图2-96 连接符号工具箱　　　　　　　　图2-97 电源端子和三相断路器的连接图

4）绘制交流接触器的主触点。操作方法如下：选择"插入"→"符号"→"电气工程"→"线圈、触点和保护电路"→"常开触点"，如图2-98所示。

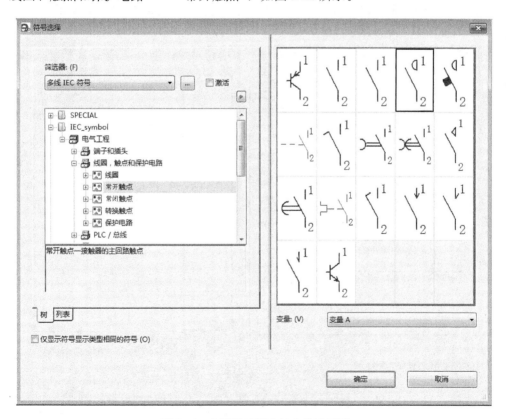

图2-98 交流接触器主触点的选择图

右窗口中选择"常开主触点"后放在断路器的2号端子下方的合适位置，此时"常开主触点"和"断路器的2号端子"自动连接，鼠标向右平行移动后其他两个触点和断路器的4、

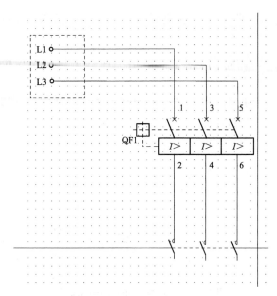

图 2-99　交流接触器主触点的绘制图

6 号端子会自动连接的，如图 2-99 所示。

5）绘制热继电器的热元件。操作方法如下：选择"插入"→"符号"→"电气工程"→"安全设备"→"热过载继电器"，如图 2-100 所示。

选择热继电器的热元件后，放到交流接触器常开主触点下方合适的位置后，自动连线。其他三相元件的绘制方法与上述方法相同，在此不作一一介绍。

6）三相电动机的绘制。操作方法如下：选择"插入"→"符号"→"电气工程"→"耗电设备（马达、加热器、灯）"→"马达"，如图 2-101 所示。

7）插入接地符号。操作方法如下：选择"插入"→"符号"→"电气工程"→"电气工程的特殊功能"，如图 2-102 所示。

符号筛选器中选择接地符号插入到电路中，绘制好的主电路如图 2-103 所示。

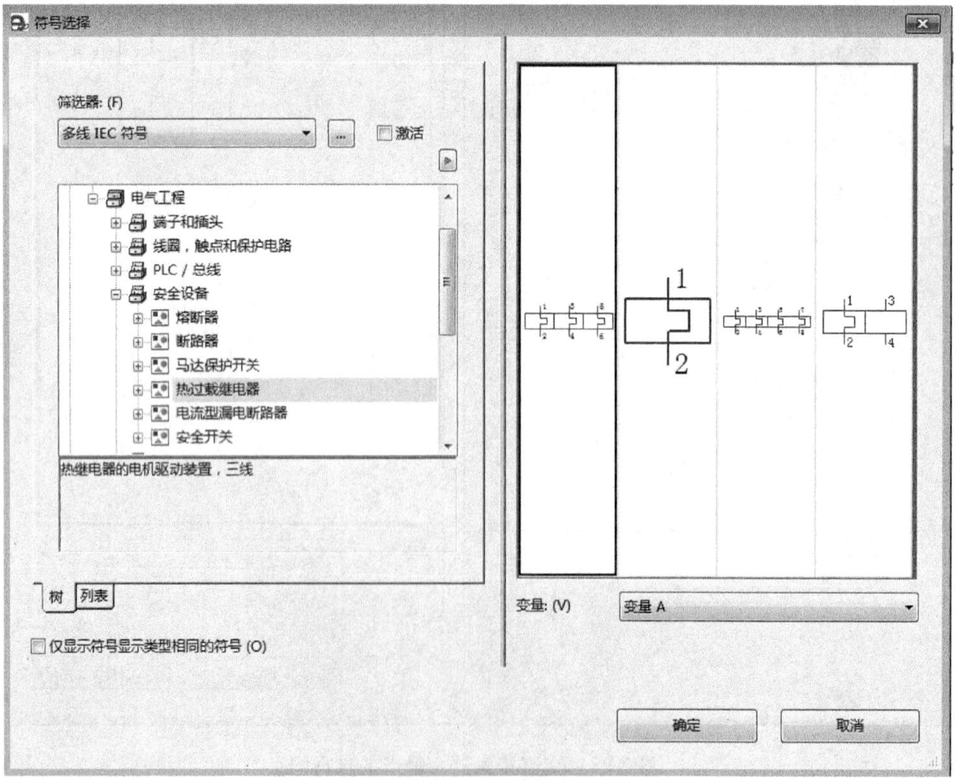

图 2-100　热继电器的热元件选择图

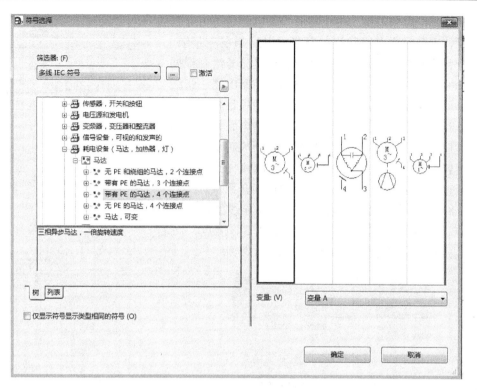

图 2-101　三相电动机的选择图

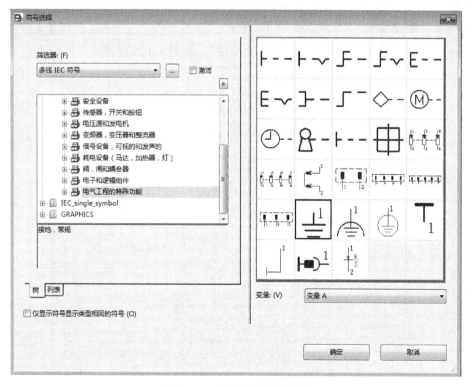

图 2-102　接地符号的选择图

（2）控制电路的绘制。主电路和控制电路是不可分割的整体。设计电路时主电路和控制电路可以绘制在一张纸上，也可以分别绘制在两张纸上，一起绘制还是分开绘制根据内容的多少而定。内容多时可以分开绘制，控制电路一张纸上画不下时可以绘制在多张纸上。设计完整的项目是为了设计方便，分开绘制有利于管理。主电路和控制电路分开绘制时导线的连接部分用中断点表示。中断点必须成对出现。本项目中的内容不多，所以主电路和控制电路绘制在一张纸上。关于中断点表示法在以后的大型项目中详细介绍。

1）插入连接点。绘制控制电路时需在导线的连接处插入连接点。单击连接符号工具箱中的"T"接点，向右（F9）。连接符号工具箱中 T 接点如图 2-104 所示。

图 2-104　连接符号工具箱中 T 接点

鼠标移到开关下方的 4 号端子连接的导线后，向右下角移动，可以绘制两个 T 连接点，连接点的类型可以修改，双击连接点会出现"T 接点"类型选项，如图 2-105 所示。

2）插入"停止按钮"。操作方法如下：选择"插入"→"符号"→"电气工程"→"传感器、开关和按钮"，如图 2-106 所示。

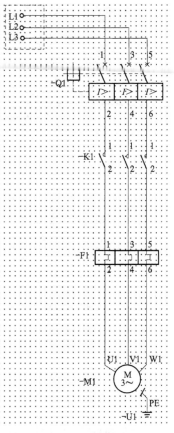

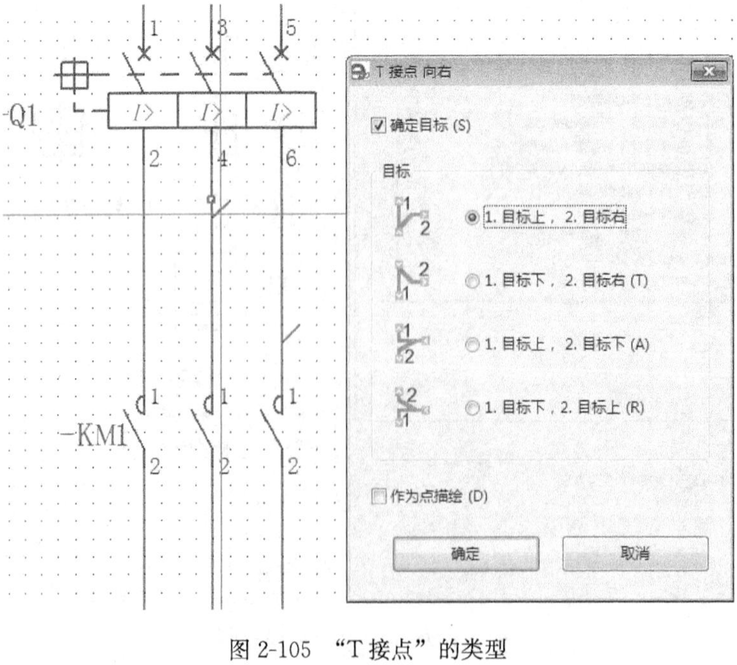

图 2-103　主电路图

图 2-105　"T 接点"的类型

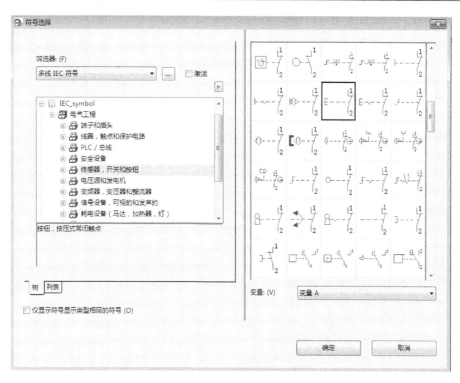

图 2-106　按钮的选择图

选择常闭按钮后单击"确定"按钮，符号移到合适的位置，单击"Ctrl"和鼠标键配合调整符号方向和文字符号的方向，导线会自动连接。常开按钮，交流接触器的线圈，热继电器的常闭触点的插入方法和以上方法相同。绘制的电路图如图 2-107 所示。

（3）元件信息的输入与编辑。以上电路图中的元件代号是系统默认生成的。图 2-106 中有一个控制开关，一个交流接触器，一个热继电器，两个按钮，一个电动机。原理图中交流接触器的主触点（在主电路上）、辅助常开触点、线圈（在控制电路上）可以分开绘制，但是元件代号必须一样，元件代号一样时符号系统识别为一个电器设备。热继电器也是主电路中用了热元件，控制电路中用了常闭触点，热元件和常闭触点的元件代号一样。两个按钮中一个停止，另一个启动，其元件代号不一样，所以默认生成的元件代号需要进行修改或重新输入。

1）断路器的信息输入与编辑。

a. 断路器元件代号的输入。双击"断路器"的图形符号时会出现元件信息输入对话框。在对话框中的"完整设备标识符"处输入"QF"，连接点代号为"1¶2¶3¶4¶5¶6"，单击"确定"按钮保存，如图 2-108 所示。

b. "断路器"型号的选择。报表和 3D 箱柜设计之前必须选择型号，否则报表是空表格，箱柜是空箱子。双击"断路器"的图形符号→对话框中选择"部件（设备）"选项卡，如图 2-109所示。

单击部件标号下的第一行可以打开如图 2-110 所示部件选择对话框。

符号筛选器中单击"部件"→"电气工程"→"安全设备"→"未定义"→"SI-EMEN"→"SIE.5SY-GR"，单击"确定"按钮，如图 2-111 所示。

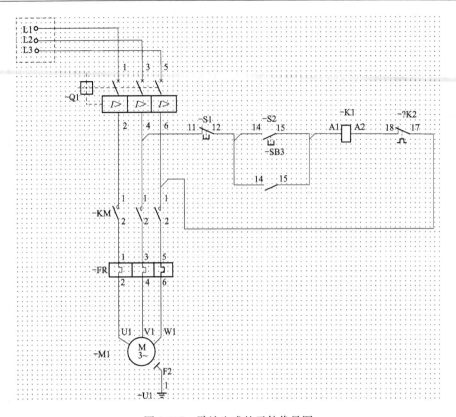

图 2-107　默认生成的元件代号图

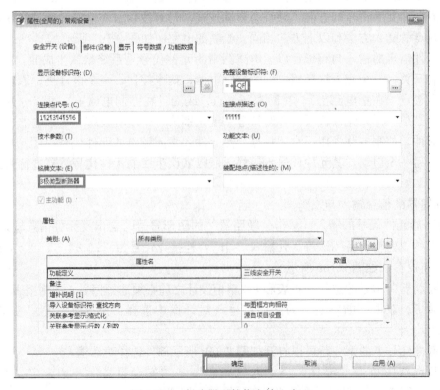

图 2-108　断路器元件信息输入窗口

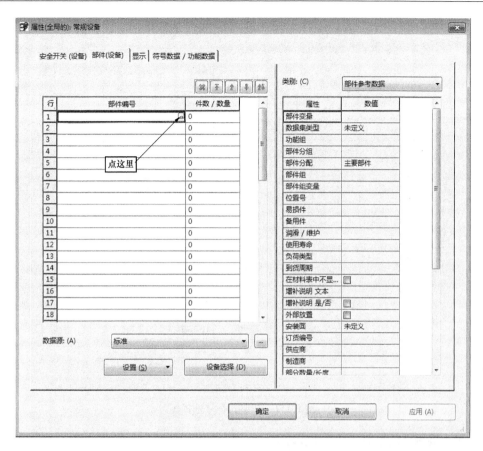

图 2-109　断路器"部件（设备）"选项卡

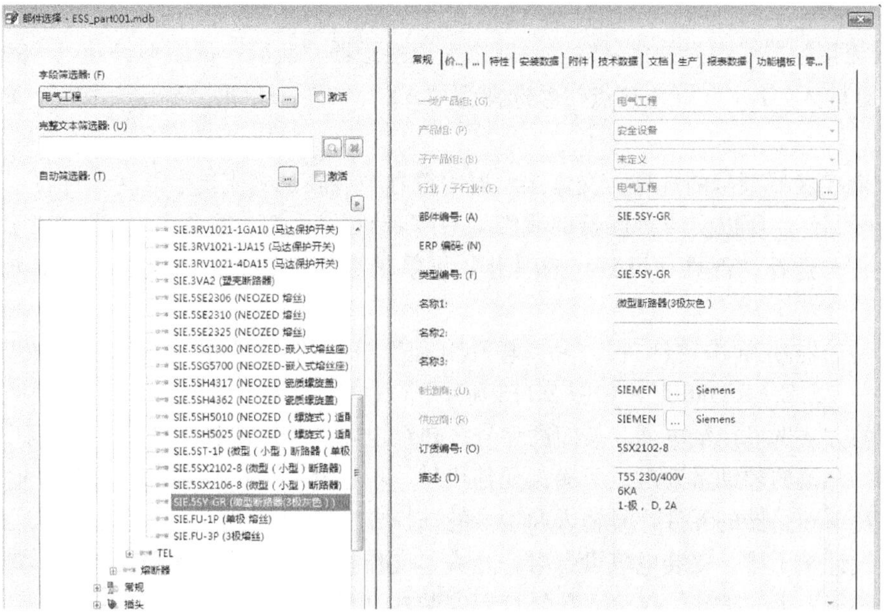

图 2-110　断路器型号选择对话框

图 2-111   断路器型号选择图

2）交流接触器的信息输入与编辑。

a. 交流接触器主触点元件代号的输入。双击交流接触器主触点的图形符号，在完整设备标识符处输入元件代号为"KM"，连接点代号为"1¶2¶3¶4¶5¶6"，单击"确定"按钮，如图 2-112 所示。

b. 交流接触器线圈元件代号输入。双击交流接触器"线圈"的图形符号→"完整的设备标识符"处输入"KM"→连接点代号选择为"A1¶A2"→单击"确定"按钮，如图 2-113 所示。

c. 交流接触器型号的选择。交流接触器的符号中线圈是交流接触器父元件，主触点、辅助触点是子元件，所以交流接触器的线圈上有"部件（设备）选项卡"。单击"部件编号"下的第一行。选择"部件（设备）选项卡"→单击"部件编号"下的第一行，如图 2-114 所示。

符号筛选器中单击"部件"→"电气工程"→"安全设备"→"未定义"→"SI-EMEN"→"SIE.3RT0001"，如图 2-115 所示。

同样的方法选择热继电器、按钮的型号。热继电器的型号选择如图 2-116 所示。

交流接触器的辅助常开触点只输入元件代号，不选择型号。按钮的元件代号输入和型号的选择方法与断路器的元件代号输入和型号的选择方法相同。

（4）设计端子排。安装电气设备时，开关、交流接触器、热继电器、PLC、变频器等安装在"安装板"上；按钮，仪表，信号灯等安装在"门"上。"门"和"安装板"之间通过端子排连接点。凡是通过端子排连接的位置均需插入"端子"。

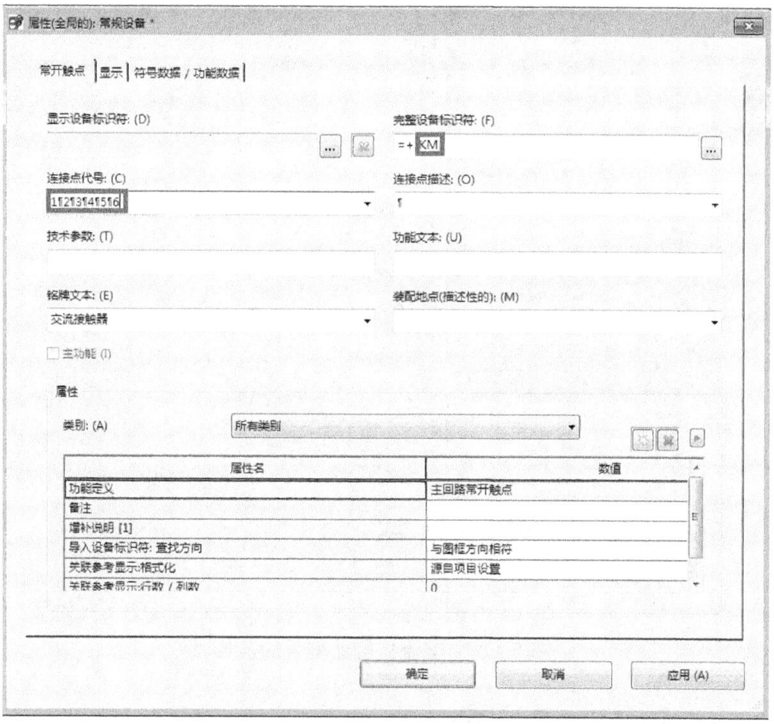

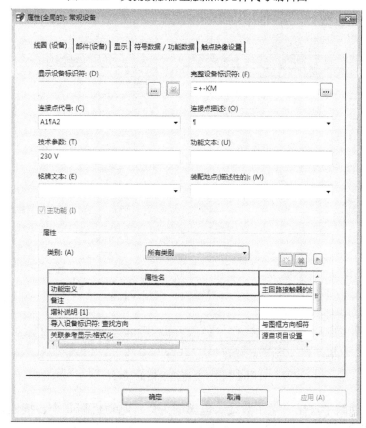

图 2-112　交流接触器主触点的元件代号编辑图

图 2-113　交流接触器线圈元件代号输入

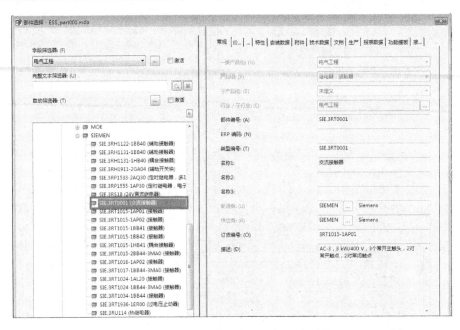

图 2-114　交流接触器型号的选择

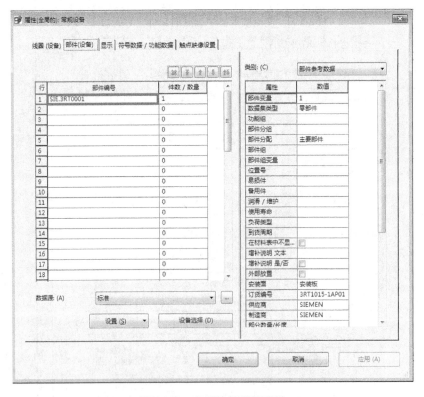

图 2-115　交流接触器的型号

　　首先估计原理图中该插入端子数量。电源端 3 个、电动机端 3 个、接地端 1 个、按钮端 3 个。共 10 个端子，所以在上述电路中设计 10 个端子的端子排即可。

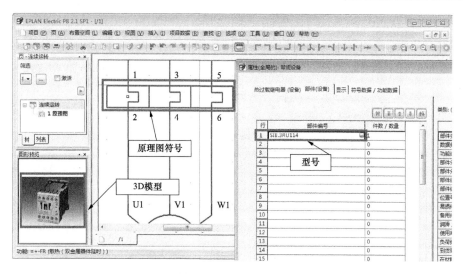

图 2-116 热继电器型号的选择

a. 打开端子排导航。打开端子排导航器的方法如下：在主菜单选择"项目数据"→"端子排"→"导航器"，如图 2-117 所示。

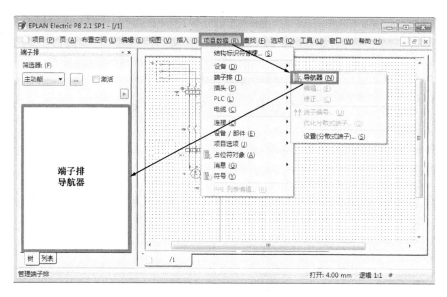

图 2-117 端子排导航器

b. 新建端子排。端子排导航器的空白处点右键→下拉菜单中选择"新建端子（设备）"→输入"完整设备标识符""编号样式"。选择型号为"PXC.3044131"→单击"确定"按钮，如图 2-118 所示。

c. 插入端子。端子排导航器中选择端子，分别插入到电源端、电动机的 3 根线、接地线上，按钮两端。电动机的三根线上的端子如图 2-119 所示。

（5）编辑线号。线号是生成接线图、连接列表、端子图标的主要数据，没有线号就无法生成接线图，连接列表，无法计算线缆长度等信息。

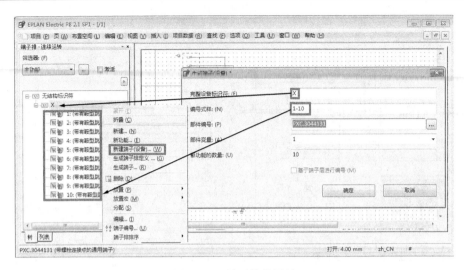

图 2-118　端子排的属性

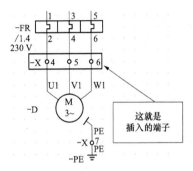

图 2-119　原理图中插入的端子

1）连接点"定义"。在项目管理器中选择"原理图"→"项目数据"→"连接"→"编号"→"放置"，如图 2-120 所示。

连接点定义根据需要选择，本实例中选择"基于连接的"。"放置连接点定义"对话框中选择"基于连接的"，单击"确定"按钮，如图 2-121 所示。

2）编辑线号。项目管理器中选择"原理图"→"项目数据"→"连接"→"编号"→"命名"，如图 2-122 所示。

"对连接点进行说明"对话框中编辑线号，单击"确定"按钮，如图 2-123 所示。

结果预览如图 2-124 所示。

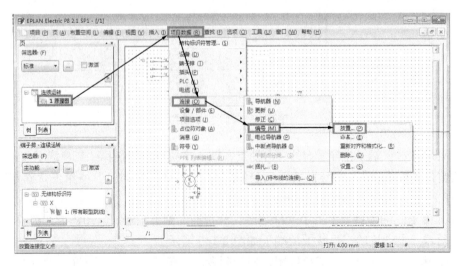

图 2-120　连接点定义放置

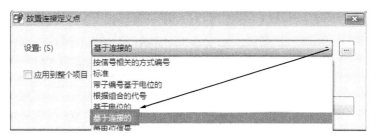

图 2-121　连接点定义

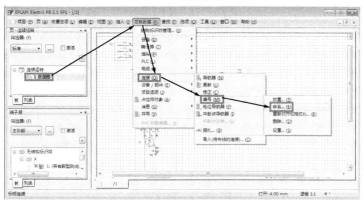

图 2-122　连接点命名

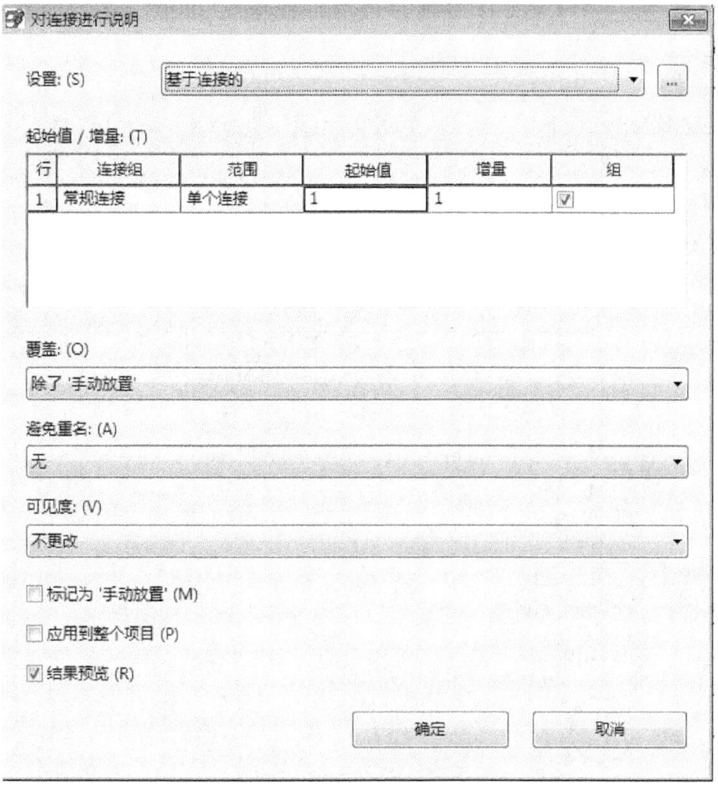

图 2-123　线号定义

对连接进行说明:结果预览

行	源	目标	连接说明	新的连接代号
1	=+-U1:L1	=+-X:1	????	001
2	=+-U1:L2	=+-X:2	????	002
3	=+-U1:L3	=+-X:3	????	003
4	=+-QF:1	=+-X:1	????	004
5	=+-QF:3	=+-X:2	????	005
6	=+-QF:5	=+-X:3	????	006
7	=+-KM:1	=+-QF:2	????	007
8	=+-FR:1	=+-KM:2	????	008
9	=+-FR:2	=+-X:4	????	009
10	=+-D:U1	=+-X:4	????	010
11	=+-KM:3	=+-QF:4	????	011
12	=+-KM:3	=+-X:8	????	012
13	=+-FR:3	=+-KM:4	????	013
14	=+-FR:4	=+-X:5	????	014
15	=+-D:V1	=+-X:5	????	015
16	=+-KM:5	=+-QF:6	????	016

确定　取消

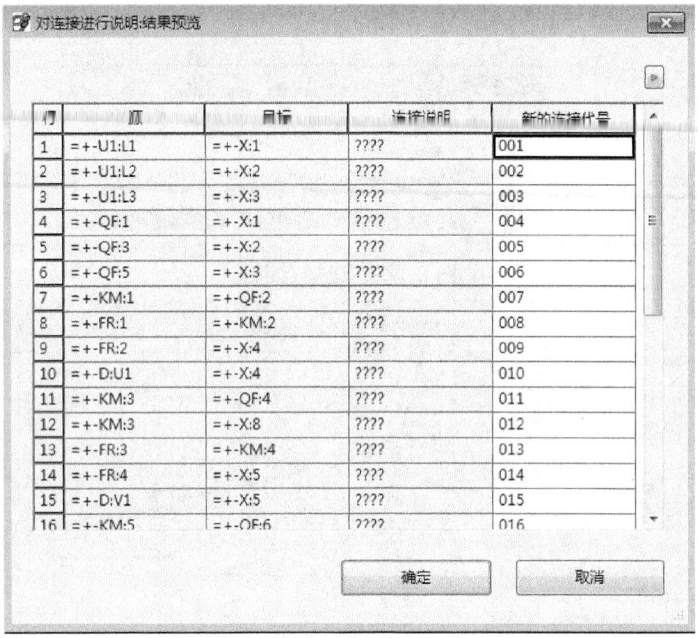

图 2-124　线号编辑

单击“确定”按钮，用以上方法绘制的完整的原理图，如图 2-125 所示。

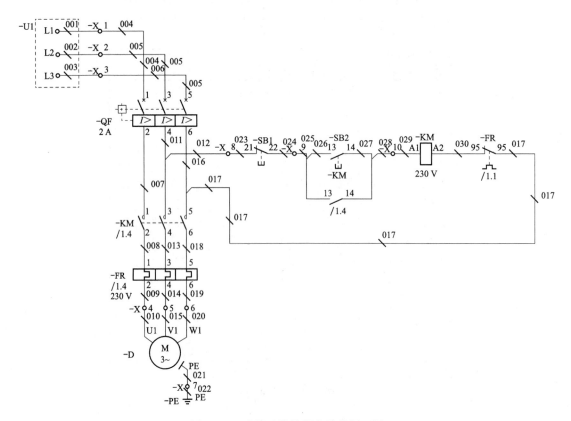

图 2-125　连续运转控制电路的原理图

2. 报表的生成

电气图设计中生成的部件列表、连接列表、设备连接图、端子排列图等都属于电气图的范畴。

（1）部件列表的生成。EPLAN Electric P8 提供 30 多种报表样式，根据需要选择生成，接下来以最常用的"部件列表"为例讲述报表的生成，供大家参考，其他报表的生成方法与部件列表生成方法相同。页导航器中选择"项目名称"→"工具"→"报表"→"生成"，如图 2-126 所示。

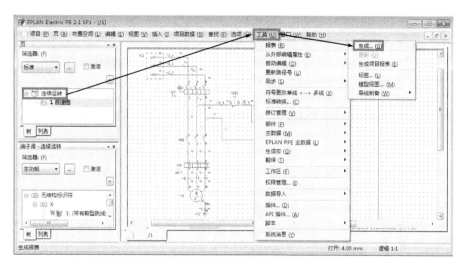

图 2-126　报表生成过程

报表对话框中单击"新建"→类型中选择"部件列表"，如图 2-127 所示。

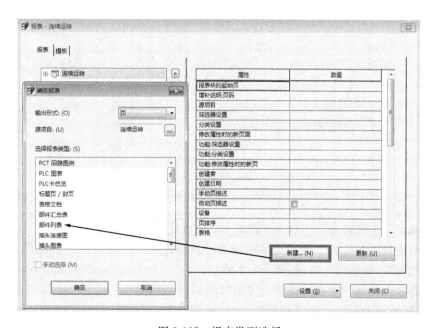

图 2-127　报表类型选择

报表类型中选择"部件列表"后出现如图所示的对话框，如图 2-128 所示。

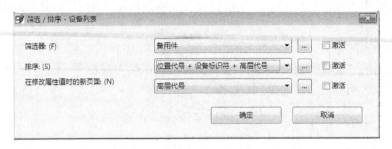

图 2-128　报表类型确定

单击"确定"按钮，在出现的对话框中输入"高层代号""位置代号"等信息。"高层代号""位置代号"最好输入英文或汉字拼音字母，如图 2-129 所示。

如图 2-129　报表属性

单击"确定"按钮，生成的报表如图 2-130 中表所示。

（2）设备连接图的生成。报表类型中选择"设备连接图"后，出现如图所示的对话框，输入"高层代号""位置代号"，如图 2-131 所示。

单击"确定"按钮，生成的设备连接图如图 2-132 所示。

（3）"端子连接图"和"端子排图"的生成。用以上方法生成的"端子连接图"和"端子排图"如图 2-133、图 2-134 所示。

设备标识符	数量	名称	类型号	供应商	部件编号
-D	0				
-FR	1	热继电器	SIE.3RU114	SIEMEN	SIE.3RU114
-KM	1	交流接触器	SIE.3RT001	SIEMEN	SIE.3RTOOOI
-QF	1	微型断路器（3极灰色）	SIE.5SY-GR	SIEMEN	SIE.5SY-GR
-SB1	1	全套设备，圆形，按钮	3SB3201-0AA11	SIEMEN	SIE.3SB3201-0AA11
-SB2	1	全套设备，圆形，按钮	3SB3201-0AA11	SIEMEN	SIE.3SB3201-0AA11
-U1	0				

注　报表中电动机和黑盒子（电源）的型号没有选择，所以对应的行为空。

图 2-130 部件列表

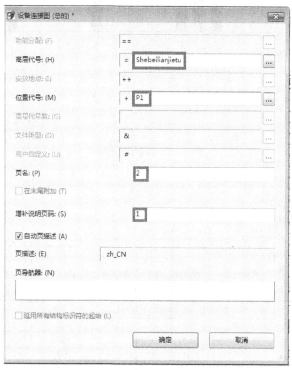

图 2-131 设备连接图属性

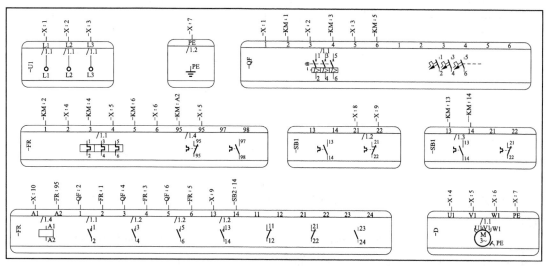

图 2-132 设备连接图

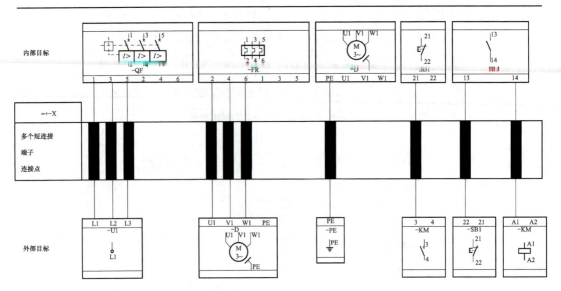

图 2-133　端子连接图

功能文本	电缆名称 电缆型号	排 =+-X						电缆名称 电缆型号	页/列
		目标代号	连接点	端子	短连接	目标代号	连接点		
		-U1	L1	1	·	-QF	1		/1.1
		-U1	L2	2	·	-QF	3		/1.1
		-U1	L3	3	·	-QF	5		/1.1
		-D	U1	4	·	-FR	2		/1.1
		-D	V1	5	·	-FR	4		/1.2
		-D	W1	6	·	-FR	6		/1.2
		-PE	PE	7	·	D	PE		/1.2
		-KM	3	8	·	-SB1	21		/1.2
		-SB1	22	9	·	-KM	13		/1.3
		-KM	A1	10	·	-KM	14		/1.4

图 2-134　端子排图

3. 3D 箱柜设计

1) 更改工作区域。设计的电气图区域不适合 3D 箱柜的设计,工作区应改为"Pro Panel"工作区。选择"视图"→"工作区域"→"Pro Panel"→"确定",如图 2-135 所示。

工作区域改成"Pro Panel"工作区时自动打开"3D 布局"导航器和"空间布置"导航器。

2) 打开"3D 视角"和"Pro Panel 布线工具箱"。工具栏的空白处单击右键,下拉菜单中单击"3D 视角工具箱"和"Pro Panel 布线工具箱"如图 2-136 所示。

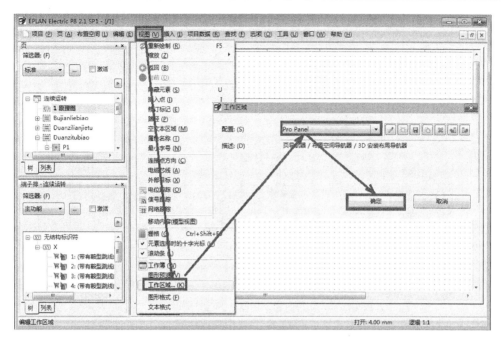

图 2-135　更改工作区域的工程

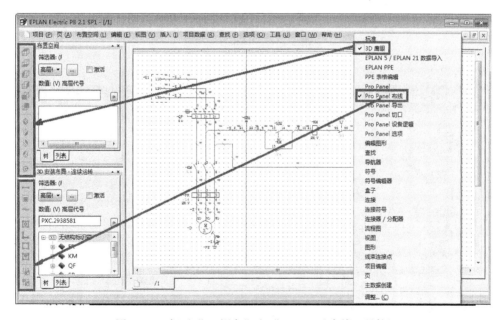

图 2-136　打开 "3D 视角" 和 "Pro Panel 布线工具箱"

3）建立 3D 布置空间。空间布置导航器的空白处单击右键，下拉菜单中单击"新建"，布置空间对话框中输入空间名称后单击"确定"按钮，如图 2-137 所示。

4）插入箱柜。布置空间导航器中选择空间名称，"插入"→"箱柜"选择箱柜尺寸，如图 2-138 所示。

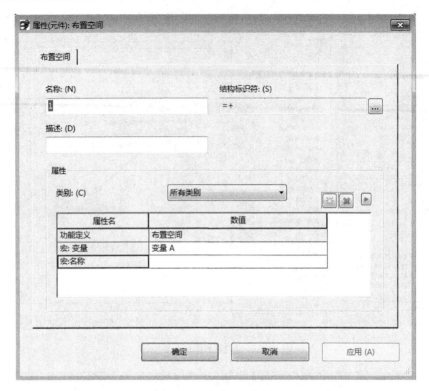

图 2-137　3D 布置空间

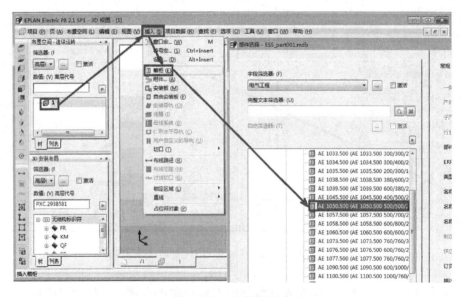

图 2-138　3D 箱柜尺寸

选择的箱柜拖到布置空间的合适位置，如图 2-139 所示。

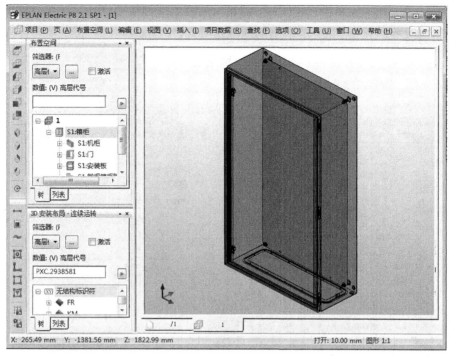

图 2-139　3D箱柜图形

5）选择"安装板"。布置空间中选择"安装板"单击右键选择"转换到（图形）"→"3D视角工具箱"→"前视图"，如图 2-140 所示。

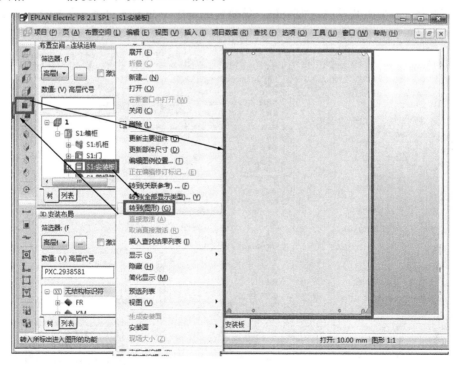

图 2-140　安装板的前视图

6）安装线槽和导轨。

　　a. 安装线槽。插入菜单中选择线槽，线槽对话框中选择线槽尺寸，如图 2-141 所示；选择合适的尺寸安装到安装板上，安装好的线槽如图 2-143 所示。

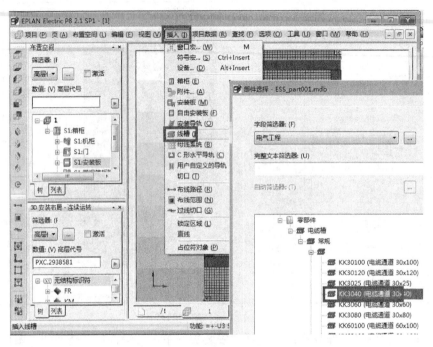

图 2-141　线槽的尺寸

　　b. 安装导轨。插入菜单中选择导轨，导轨对话框中选择导轨尺寸，如图 2-142 所示。安装好的导轨如图 2-143 所示。

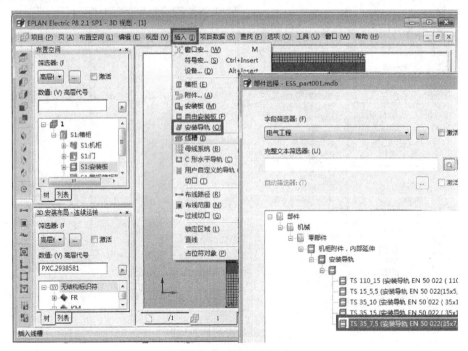

图 2-142　导轨的尺寸

采用以上方法安装的线槽和导轨如图 2-143 所示。

7）安装设备。

a. 安装板上安装设备。端子排、接触器、热继电器、开关安装在安装板上。在 3D 布局导航器中选择这些设备，然后拖放到导轨上，如图 2-144 所示。

b. 门上安装设备。按钮、仪表、信号灯等设备安装在门上。本实例中只有按钮。选择"门"单击右键→选择"转到（图形）"→转到前视图→按钮拖放到门上，如图 2-145 所示。

c. 设计布线路径。用"Pro Panel 布线工具箱"中的路径工具绘制路径，如图 2-145 所示。

d. 连接路径。按钮导线通过软管连接在电气板上，所以按钮的布线路径通过"Pro Panel 布线工具箱中的路径工具连接在安装板上的线槽内。显示安装板的方法如下：选择"安装板"单击右键，选择"显示"。用路径工具将按钮的布线路径连接到安装板的线槽内，如图 2-146所示。

e. 显示箱柜。选择 3D 布局导航器中的箱柜名称并双击可以显示箱柜。

f. 3D 布线。选择箱柜上的所有设备，用"Pro Panel 布线"工具布线。

g. 修改导线的规格和颜色。

"选项"菜单中选择"设置"，如图 2-147 所示。

选择"项目"→"连续运转"→"连接"→"属性"→输入数值和颜色代号→单击"确定"按钮，如图 2-148 所示。

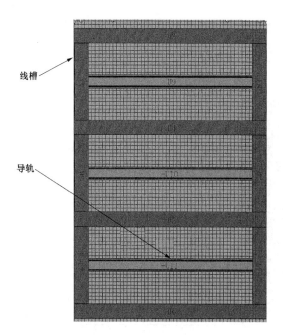

图 2-143　线槽和导轨的安装图

图 2-144　安装板上设备的 3D 图形

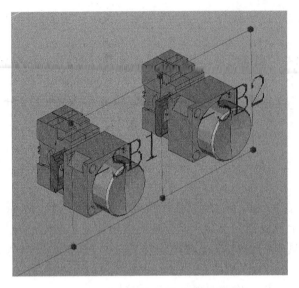
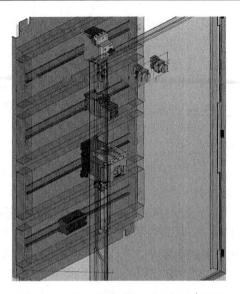

图 2-145　按钮的安装图和布线路径图　　　　图 2-146　门和安装板的布线路径连接图

单击"确定"按钮，3D 布线效果如图 2-149 所示。

3D 箱柜图如图 2-150 所示。

本项目中学习了 EPLAN Electric P8 软件的使用方法。所讲的实例当中，3D 箱柜的布置是否和现场上的安装位置相同不作讨论，3D 箱柜图形只作参考，不作为安装依据。

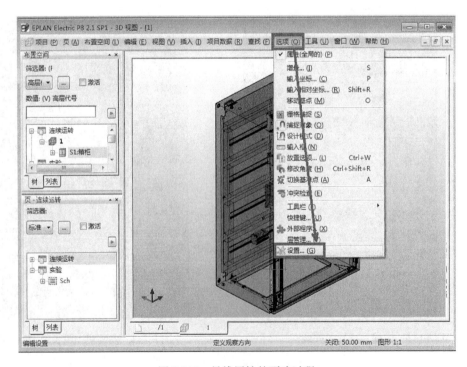

图 2-147　导线属性的更改过程

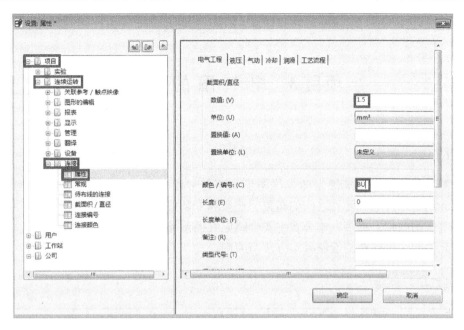

图 2-148 导线属性

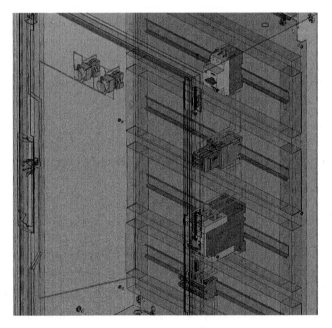

图 2-149 3D布线效果图

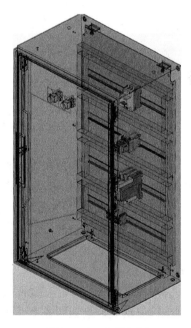

图 2-150 3D箱柜图

项目 3 电气图的绘制

🖳 项目概述

电气图是采用国家标准规定的电气图形文字符号绘制而成，用以表达电气控制系统原理、功能、用途以及电气元件之间的布置、连接和安装关系的图样。

由于电气图的种类很多，本节将主要介绍电气控制原理图、电气元件布置图、电气接线图、电气元件明细表等图的绘制基本方法与原则。

📋 指导性学习计划

学时	4
方法	讲解、练习相结合。先绘制练习简单控制电路的端子接线图，再安排端子接线图的绘制作业，使用者纸上手工绘制是为今后的电脑绘制作准备
重点	电气控制原理图的绘制，接线图的绘制（单线接线图、互联接线图、端子接线图）元件明细表绘制，接线表绘制
难点	端子接线图和接线表的绘制
目标	掌握原理图、接线图、布置图、明细表、接线表的绘制方法

任务 3.1 电气原理图的绘制

电动机是工厂中使用最多的拖动设备，有多种启动和控制方式，本节以如图 3-1 所示车床控制电路为例，介绍电气原理图的绘制方法。

1. 电气原理图的绘制原则

（1）电气控制线路原理图按所规定的图形符号、文字符号和回路标号进行绘制。

（2）电器应是未通电时的状态，二进制元件应是置零时的状态，机械开关应为循环开始前的状态。

（3）通常将主电路放在线路图的左边，电源线路绘成水平线，主电路应垂直电源线路；控制电路应垂直地绘在同条水平电源线之间；耗能元件直接连接在接地的水平电源线上；触点连接在上方水平线与耗能元件间。

（4）采用器件的各部件分别绘在它们完成作用的地方，并不按照其实际的布置情况绘在线路上。

（5）每个器件及其部件用一定的图形符号表示，且每个器件有一个文字符号。属于同一个器件的各个部件采用同一文字符号表示。

（6）为方便识图，电路应按动作顺序和信号流自左向右的原则绘制。

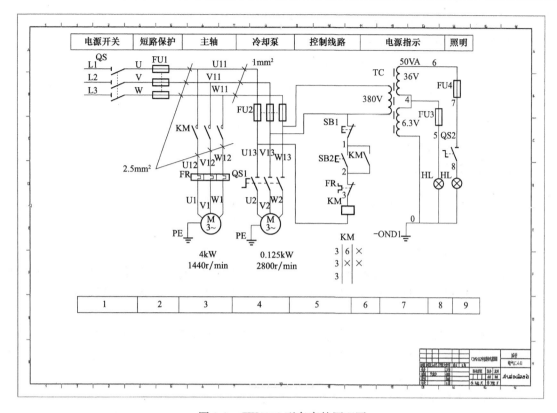

图 3-1 CW6132 型车床的原理图

（7）应将图面分成若干区域，区域编号一般写在图的下部；图的上部要有标明每个电路用途的用途栏。

（8）尽可能减少线条和避免线条交叉。图中两条以上导线相连的交接处要打一圆点。

（9）图中每个触点要按分区及节点顺序编号。

（10）万能转换开关和行程开关应绘出动作程序和动作位置。

（11）原理图中应标出下列数据：

1）各个电源电路的电压值、极性或频率及相数。

2）某些元件的特性（电阻、电容的量值等）。

3）图中的全部电机、电器元件的型号、文字符号、用途、数量、技术数据，均应填写在一览元件明细表内。

2. 电气原理图的绘制方法

原理图一般分为主电路和控制电路两个部分。主电路是流过电气设备负荷电流，在图 3-1 中是从电源经开关到电动机的这一段电路，一般画在图面的左侧或上面；控制电路是控制主电路的通断、监视和保护主电路正常工作的电路，一般画在图面的右侧或下面。

图中电气元件触点的开闭均以吸引线圈未通电、手柄置于零位、元件没有受到外力作用时情况为准。

3. 电气原理图的绘制步骤

（1）准备绘图纸并进行分区、绘制边框、绘制标题栏、会签栏等。

（2）布置电气符号。先布置主电路的电气符号，再布置控制电路的电气符号。

（3）连接导线并检查电路有无遗漏元件和导线。

（4）对元件和导线进行编号。

（5）用指引标注表示导线规格、数量等信息。

（6）电路按各部分的功能进行分区，上表格内写出各部分的功能，卜表格内写出对应的区号。

（7）按以上分区信息写出接触器、继电器等元件的触点索引。

（8）填写标题栏信息。

原理图的绘制实例如图 3-1 所示。

任务 3.2　电器元件布置图的绘制

1. 电器元件布局原则

电器元件布置图主要是用来表明电气设备上所有电器的实际位置，为电气设备的制造、安装、维修提供资料；电器元件布置图可根据控制系统的复杂程度集中绘制或单独绘制。

绘制电器元件布置图时，设备的轮廓线用细实线或点划线表示，所有能见到的与需要表示清楚的电器设备，均用粗实线绘制出简单的外形轮廓。电器元件布置图的设计依据是电气原理图。

2. 电器元件布置图的绘制

各电器元件的位置确定以后，便可绘制电器布置图；根据电器元件的外形绘制，并标出各元件间距尺寸；电器元件的安装尺寸及其公差范围，应严格按产品手册标准标注，作为底板加工依据；在电器布置图设计中，还要根据本部件进出线的数量和采用导线规格，选择进出线方式，并选用适当接线端子板或接插件，按一定顺序标上进出线的接线号。

3. 电器元件布置的注意事项

体积大和较重的电器元件应安装在电器板的下面，而发热元件应安装在电器板的上面；强电弱电分开并注意屏蔽，防止外界干扰；电器元件的布置应考虑整齐、美观、对称。外形尺寸与结构类似的电器安放在一起，以利加工、安装和配线；需要经常维护、检修、调整的电器元件安装位置不宜过高或过低。电器元件布置不宜过密，若采用板前走线槽配线方式，应适当加大各排电器间距，以利布线和维护。

4. 电器元件布置图的绘制步骤

绘制电气元件布置图之前应熟悉电气控制电路的安装工艺和电气识图知识。

（1）对控制电路的原理进行分析，对元件进行分类。

（2）电源开关布置在右上方便于操作的位置；按钮等控制装置布置在右下方；接触器、继电器等器件布置在中间；端子排布置在下方。

（3）绘制电器元件的位置并标注尺寸。电气元件的尺寸并不代表实际尺寸，是按比例绘制的。

（4）绘制控制板并标注尺寸。

电器元件布置图的绘制实例如图 3-2 所示。

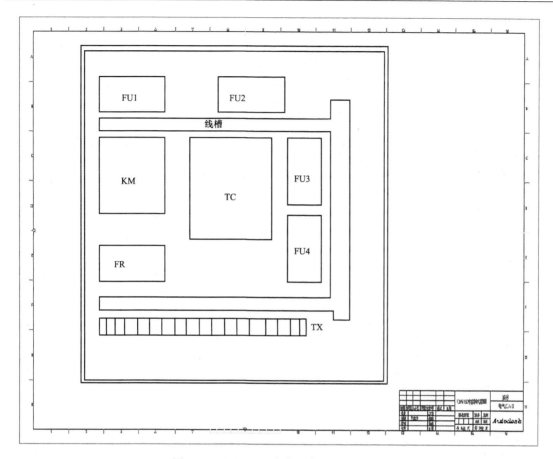

图 3-2 CW1632 型车床的电器元件布置图

任务 3.3 电气接线图的绘制

电气控制线路安装接线图是为安装电气设备和电器元件进行配线或检修电器故障服务的。对某些电气部件上元件较多的还要画出电气部件的接线图；对于简单的电路，只要在电气互连图中画出就可以了。

电气部件接线图是根据部件电气原理及电器元件布置图绘制的，是表示成套装置的连接关系，是电气安装与查线的依据。

1. 电气接线图的分类

电气接线图可分为实物接线图、互连接线图、单线图、多线接线图、端子接线图等。

2. 电气接线图绘制的要求（应符合 GB 6988 中 5-86 的规定）

（1）电器元件按外形绘制与布置图一致，偏差不能过大。

（2）同一电器元件的各个部分必须画在一起。

（3）所有电器元件及其引线的标注应与原理图中的文字符号及接点编号相一致。

（4）图中一律采用细线条，分为板前走线及板后走线两种。

（5）对于简单部件、电器元件数量较少、接线关系不复杂的情况，可直接画出元件间的连线。

（6）对于复杂部件、电器元件数量多、接线较复杂的情况，一般采用走线槽，只要在各电器元件上标出接线号即可，不必画出各电器元件间连线。

（7）图中应标出各种导线的型号、规格、截面积及颜色。

（8）除大截面导线外，各部件的进出线都应经过接线板。

3.3.1 实物接线图的绘制

实物接线图可以用手工绘制，也可以用计算机绘制。计算机绘制时没有专用电气制图软件的情况，也可用电脑自带的"画图板"，需要懂得一些画图知识。

实物接线图的绘制步骤如下：

（1）准备绘制电器实物图。各种电器的图形较难绘制，一般无法统一，可以从网上查找类似图，从图上剪下各种常用电器的符号备用。准备好的电器实物图见表 3-1。

表 3-1　　　　　　　　　　　　　各电器的实物图

电器实物符号	说明	电器实物符号	说明	电器实物符号	说明
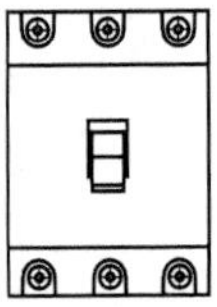	三相微型断路器		单相刀开关	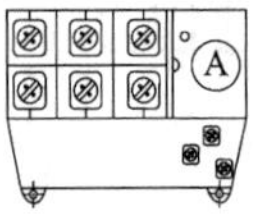	热继电器
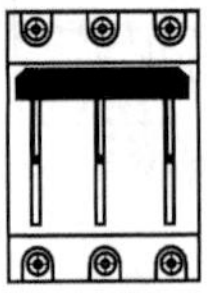	三相刀开关		螺旋式熔断器	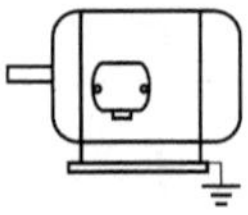	三相异步电动机
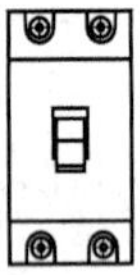	两相微型断路器	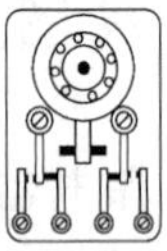	速度继电器	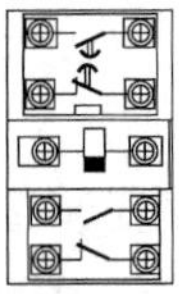	断电延时时间继电器
	单相微型断路器	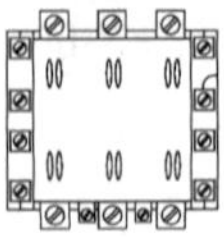	接触器	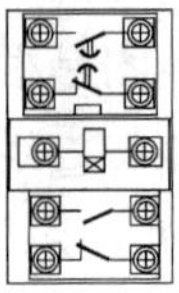	通电延时时间继电器
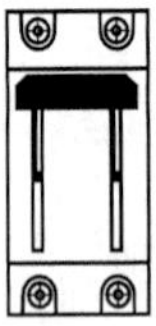	两相刀开关	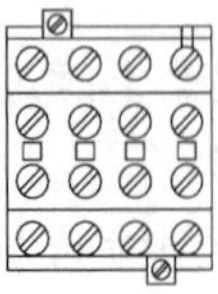	中间继电器	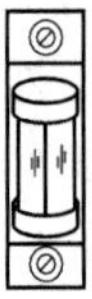	管式熔断器

续表

电器实物符号	说明	电器实物符号	说明	电器实物符号	说明
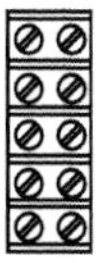	端子排	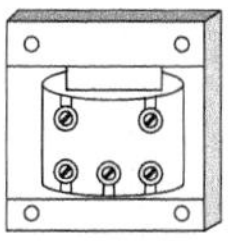	单相变压器	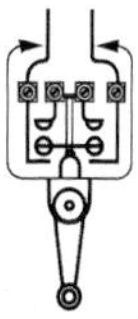	行程开关
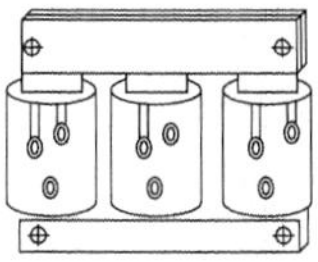	三相调压器	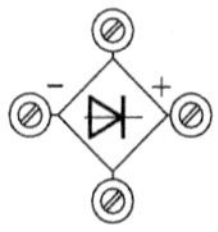	整流器	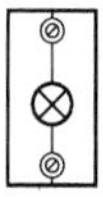	信号灯或照明灯
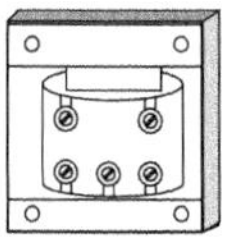	单输入双输出变压器	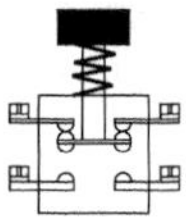	按钮		

(2) 布局电器实物图。按控制电路中电器的实际位置绘制实物接线图时，先将需要的电器图形复制在图纸上。

(3) 按原理图对实物接线图上的电器元件的接线端子进行导线编号。进行编号时如果元器件多，主电路和控制电路都进行编号时，导线编号也多，因此会影响画图，此时可只对控制电路进行编号。接线时将有相同数字的端子用线连接在一起。标出导线编号时如果主电路导线的连接比较简单可以不标。电路较复杂时控制电路上的编号非常重要。

(4) 按原理图接线。接线时按主电路、控制电路、端子排相连的电器、电动机顺序接线，只要将图中的相同编号用导线相连即可。

(5) 为避免主电路和控制电路的导线多而容易混淆，可以用不同颜色或线的粗细来区分。

按上述的方法绘制的 CW6132 型车床的实物接线图如图 3-3 所示。

3.3.2　单线接线图的绘制

1. 准备接线图符号

接线图符号和原理图符号有区别。绘制接线图时是将一个电器设备内的线圈、触点等绘制在一起。SuperWORKS、诚创电气 CAD 等软件自带接线图库，需要时直接调用。常用电器的接线图符号见表 3-2。

2. 单线接线图的绘制步骤

(1) 布置元件。按原理图或布局图布置元件。

(2) 连接导线。按原理图连接导线，连接导线是走向一致的多根导线可以用一根总线表示。

(3) 按原理图标注元件文字编号。

(4) 按原理图标注导线编号。CW6132 型车床的单线接线图如图 3-4 所示。

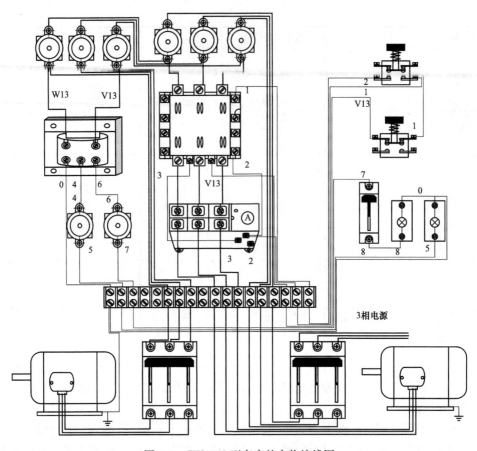

图 3-3 CW6132 型车床的实物接线图

表 3-2			**常用电器的接线图符号**		
接线图符号	说明	接线图符号		说明	接线图符号	说明

接线图符号	说明	接线图符号	说明	接线图符号	说明
三极隔离开关	接触器	信号灯或照明灯
三极断路器	时间继电器	熔断器
按钮	中间继电器	整流器
单相变压器	变压器	

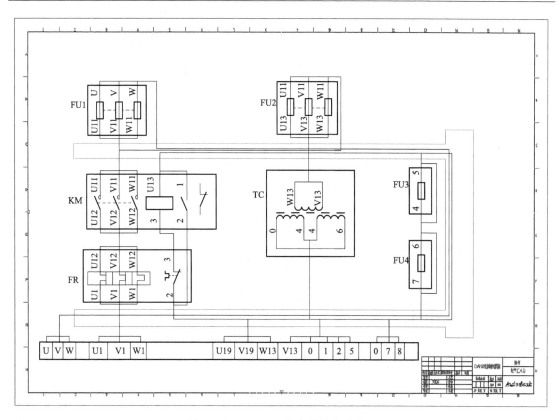

图 3-4　CW6132 型车床的单线接线图

3.3.3　多线接线图的绘制

1. 准备接线图符号

单线接线图中用的接线图符号和多线图中用的接线图符号一致，可以参考单线接线图中的接线图符号。

2. 多线接线图的绘制步骤

（1）元件布置。按原理图或布局图布置元件。

（2）按原理图连接导线。与单线接线图不同之处是每个元件端子之间的连接线需一一画出。

（3）按原理图标注元件的文字编号。

（4）按原理图标注导线编号。CW6132 型车床的多线接线图如 3-5 所示。

应注意单线接线图中的端子编号和导线编号非常重要，没有编号很难看出连接关系。多线图中各元件端子之间的导线一根根绘制，没有编号也可以看出接线关系。

3.3.4　互联接线图的绘制

互联接线图代表电气板、电源、负荷、按钮等的连接信息，它们都是通过端子排连接在一起的，可以说是电器板以外部分的连接关系，绘制步骤如下。

（1）用方框表示控制板。方框代表控制板，内部元件可以不画。

（2）绘制端子排并进行编号。端子排上的编号和原理图上的端子一致。

（3）按原理图绘制电源的连接线段并标注尺寸、数量信息。

（4）绘制按钮并按原理图连接在端子排上。

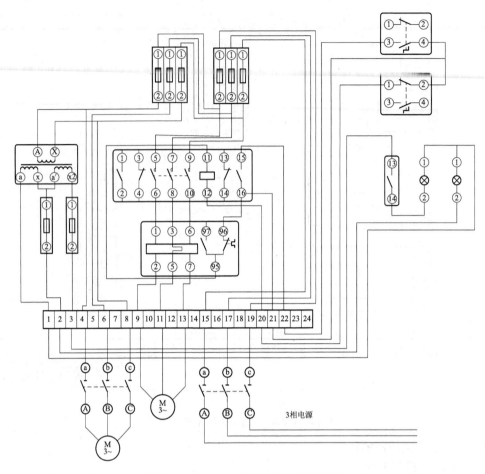

图 3-5　CW6132 型车床的多线接线图

CW6132 型车床的电气互联接线图如图 3-6 所示。

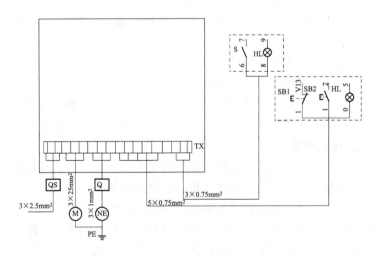

图 3-6　CW6132 型车床的电气互联接线图

3.3.5　端子接线图的绘制

端子接线图手工绘制时先绘制电气元件的接线图符号。接线图符号见表 3-2。在接线图符号上方画个圈，元件的文字代号和序号写在圆圈内，用线段隔开，线段的上方写序号，线段的下方写元件代号。相互连接的两个端子上写出导线号、元件标号、元件端子号。

端子接线图用计算机软件绘制非常方便、效率高。用计算机软件绘制端子接线图按以下步骤来完成：

（1）绘制原理图，设计元件代号、导线代号、插入端子（可以参考原理图的绘制方法）。

（2）选择元件型号。

（3）显示端子号。

（4）柜体设计、端子排设计。

（5）元件布局。

（6）形成端子接线图。

本例中的开关、按钮、信号灯布置在仪表门上；变压器、接触器、热继电器布置在控制板上；控制板、电动机、电源、仪表门通过端子排连接。仪表门、控制板的端子接线图如图 3-7、图 3-8 所示。

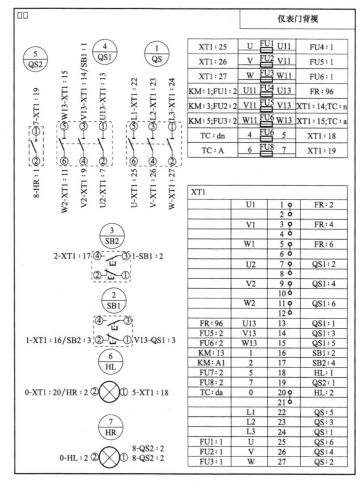

图 3-7　CW6132 型车床仪表门的端子接线图

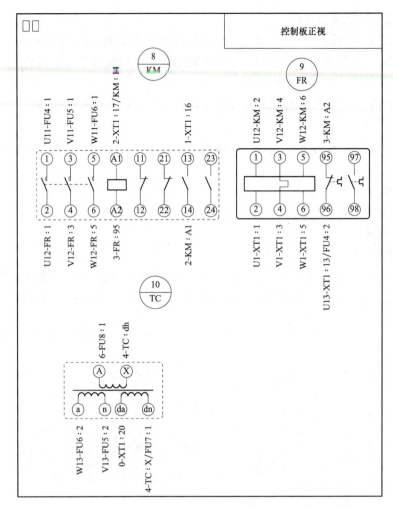

图 3-8　CW6132 型车床控制板的端子接线图

任务 3.4　元器件及材料清单的汇总

在电气控制系统原理设计及施工设计结束后，应根据各种图纸，对本设备需要的各种零件及材料进行综合统计，列出外购元器件清单表、标准件清单表、主要材料消耗定额表及辅助材料消耗定额表，以便采购人员、生产管理部门按设备制造需要备料，做好生产准备工作。

这些资料也是成本核算的依据。特别是对于生产批量较大的产品，此项工作要仔细做好。CW6132 型车床的电器元件明细表见表 3-3。

表 3-3　　　　　　　　　　　　　CW6132 型车床的电器元件明细表

代　号	名　称	型　号	规　格	数　量
M1	主轴电动机	JO2-42-4	5.5kW　1410r/min	1 台
M2	冷却泵电动机	JCB-22 型	0.125kW　2790r/min	1 台
KM	交流接触器	CJO-20 型	380V　20A	1 个

续表

代 号	名 称	型 号	规 格	数 量
FR	热继电器	JRO-40 型	11.3A	1 个
QS	三极开关	HZ1-10	380V 10A	1 个
Q1	三极开关	HZ1-10	380V 10A	1 个
Q	单极开关	HZ1-10	220V 6A	1 个
SB1	按钮	LA2 型	1 组常闭触点	1 个
SB2	按钮	LA2 型	1 组常开触点	1 个
FU1	熔断器	RL1 型	25A	3 个
FU2	熔断器	RL1 型	2A	2 个
FU3	熔断器	RL1 型	2A	2 个
TC	照明变压器	BK-50	50VA 380V/36V/6.3V	1 个
HL	照明灯		40W 36V	1 个
HL	照明灯		40W 36V	1 个

任务 3.5 端子接线表的绘制

端子接线表是表示元件与元件之间连接信息组成的表格，主要由序号、回路线路号、起始端号、末端号组成。手工完成时将以上信息填写在表格内。用电气 CAD 软件形成方便、效率高，只需按下形成表按钮便可形成。接线表分为两种，一种是按原理图生成的接线表；另一种是按接线图生成的接线表。工程上第二种接线表使用较多，以后的练习中只绘制按接线图生成的接线表。按原理图生成的接线表见表 3-4。

表 3-4   按原理图生成的接线表

序号	回路线号	起始端号	末端号	序号	回路线号	起始端号	末端号
1	L1	QS-5	XT1-22	18	1	SB1-2	SB2-3
2	L2	QS-3	XT1-23	19	V13	SB1-1	QS1-3
3	L3	QS-1	XT1-24	20	8	QS2-2	HR-1
4	U	QS-6	XT1-25	21	0	HL-2	HR-2
5	V	QS-4	XT1-26	22	1	KM-13	XT1-16
6	W	QS-2	XT1-27	23	2	KM-A1	XT1-17
7	1	SB1-2	XT1-16	24	U1	FR-2	XT1-1
8	2	SB2-4	XT1-17	25	V1	FR-4	XT1-3
9	U2	QS1-2	XT1-7	26	W1	FR-6	XT1-5
10	V2	QS1-4	XT1-9	27	U13	FR-96	XT1-13
11	W2	QS1-6	XT1-11	28	0	TC-da	XT1-20
12	U13	QS1-1	XT1-13	29	U11	KM-1	FU4-1
13	V13	QS1-3	XT1-14	30	U13	FR-96	FU4-2
14	W13	QS1-5	XT1-15	31	V11	KM-3	FU5-1
15	7	QS2-1	XT1-19	32	V13	TC-n	FU5-2
16	5	HL-1	XT1-18	33	W11	KM-5	FU6-1
17	0	HL-2	XT1-20	34	W13	TC-a	FU6-2

序号	回路线号	起始端号	末端号	序号	回路线号	起始端号	末端号
35	4	TC-dn	FU7-1	44	V11	FU5-1	FU2-2
36	6	TC-A	FU8-1	45	W11	FU6-1	FU3-2
37	U12	KM-2	FR-1	46	V13	XT1-14	FU5-2
38	V12	KM-4	FR-3	47	W13	XT1-15	FU6-2
39	W12	KM-6	FR-5	48	5	XT1-18	FU7-2
40	3	KM-A2	FR-95	49	7	XT1-19	FU8-2
41	2	KM-A1	KM-14	50	U	XT1-25	FU1-1
42	4	TC-X	TC-dn	51	V	XT1-26	FU2-1
43	U11	FU4-1	FU1-2	52	W	XT1-27	FU3-1

项目 4　鼓风机的电气图与 3D 箱柜设计

📺 项目概述

项目 2 的任务 2.2.4 以连续运转控制电路的电气图与 3D 箱柜设计为例详细地介绍了 Eplan P8 软件的使用方法。本项目中鼓风机的电气控制电路也是连续运转控制电路，项目设计方法和设计思路不一样，学习本项目的目的是通过"面向对象"的设计方法进一步加深 Eplan P8 软件的学习，可以说是项目 2 的补充。如果 Eplan P8 软件的使用方法掌握已经非常熟悉可以跳过本项目。

👨‍🏫 指导性学习计划

学时	4
方法	（1）利用多媒体方式进行学习。 （2）在电脑上完成设计。 （3）讲解和演示相结合讲述电气图的绘制方法。 使用者用 Eplan 软件完成电气图绘制，3D 箱柜的设计，3D 箱柜布线
重点	电气图的绘制，各种报表的生成，3D 箱柜设计，3D 箱柜布线
难点	3D 箱柜设计
目标	掌握电气图的绘制，报表的生成，3D 箱柜的设计，3D 箱柜布线

项目任务：某铁匠店通过风火箱不断的加大火量来加工各种铁工具，为提高效率现将风火箱改成电动鼓风机。试为该铁匠店设计一个鼓风机的电气控制电路和控制柜。

项目设计要求：鼓风机由一台电动机拖动，电动机采用 380V 的交流电动机；鼓风机只有吹风的功能，一个方向连续运转即可。考虑高温时导线的绝缘层损坏，会发生漏电和短路事故，采用控制断路器进行保护，电机启停通过启动和停止按钮操作。按钮没有自锁功能，按钮的自锁通过按钮上并联交流接触器的动合辅助触点来实现。

任务 4.1　常用工具箱和导航器

用 Eplan 软件进行电路设计之前了解下列工具和导航器的打开、关闭、包含的内容和使用方法。Eplan P8 软件的界面如图 4-1 所示。

4.1.1　常用工具箱

1. 视图工具箱

视图工具箱可用于观察设计效果。绘图时对电路进行有放大、缩小、局部放大、捕捉栅格等操作可以使用视图工具箱中的工具。工具栏中空白处点右键，下拉菜单中可以打开和关闭视图工具箱。当鼠标移到工具上停留几秒钟可以看到工具的名称。视图工具箱如图 4-2 所示。

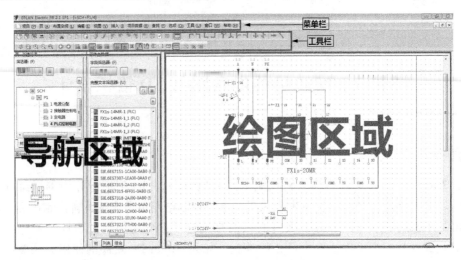

图 4-1　Eplan P8 软件的界面

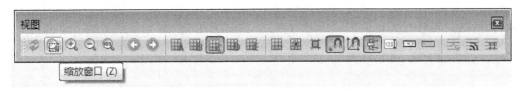

图 4-2　视图工具箱

2. 连接符号工具箱

连接符号工具箱可用于原理图符号与符号之间导线的连接。绘制原理图时连接原理图符号可以使用连接符号工具。工具栏中空白处单击右键，下拉菜单中可以打开和关闭连接符号工具箱，连接符号工具箱如图 4-3 所示。

3. 3D 视角工具箱

3D 视角工具箱可用于观察 3D 效果。设计 3D 宏，设计 3D 箱柜时使用 3D 视角工具箱能够非常方便的观察设计效果。工具栏中空白处单击右键，下拉菜单中可以打开和关闭 3D 视角工具箱，3D 视角工具箱如图 4-4 所示。

图 4-3　连接符号工具箱

图 4-4　3D 视角工具箱

4. Pro Panel 布线工具箱

3D 箱柜中布线时使用 Pro Panel 工具。工具栏中空白处单击右键，下拉菜单中可以打开和关闭 Pro Panel 工具箱，Pro Panel 布线工具箱如图 4-5 所示。

图 4-5　Pro Panel 布线工具箱

4.1.2　常用导航器

1. 页导航器

页导航器也可以叫作项目管理导航器。用于项目中的各种文件的新建、打开、关闭、改名等。页导航器在页菜单中可以打开和关闭，页导航器如图 4-6 所示。

2. 部件主要数据导航器

部件主要数据导航器主要用于查询部件数据。设计原理图时使用此工具可以将查询的设备直接插入到电路中。工具菜单中可以打开和关闭部件主要数据导航器，部件主要数据导航器如图 4-7 所示。

图 4-6   页导航器   图 4-7   部件数据导航器

3. 3D 安装布局导航器

3D 安装布局导航器可用于 3D 箱柜设计时布置设备。视图菜单中更改工作区时会自动打开 3D 安装布局导航器，3D 安装布局导航器如图 4-8 所示。

4. 图形预览器

图形预览器配合其他导航器使用于浏览原理图符号、3D 设备图形。视图菜单中可以打开和关闭图形预览器，图形预览器如图 4-9 所示。

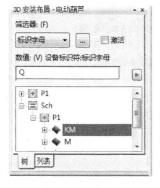
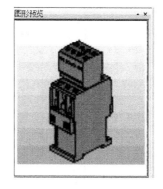

图 4-8   3D 布局导航器   图 4-9   图形预览器

5. 空间布置导航器

空间布局导航器可用于建立 3D 布置空间、设计 3D 宏、修改 3D 宏数据、布置 3D 箱柜。如图 4-10 所示为布置空间导航器和图形浏览配合使用的情况。

图 4-10   布置空间导航器

任务 4.2   电 气 图 设 计

4.2.1   新建项目和新建页

1. 新建项目

选择"项目"下拉菜单中的"新建…（N）"按钮会出现新建项目对话框，对话框中输入项目名称为"鼓风机"，更改保存位置为 E 盘，选择"IEC_tpl001.ept"模板后保存，如图 4-11 所示。

图 4-11   项目属性

2. 新建页

左边的项目管理中选择以上建立的项目名称后单击右键，出现的下拉菜单中选择"新建"时会出现新建页对话框。单击"完整页名称"后面的三个点会出现"完整页名"对话框。对话框中输入"高层代号"为"Schematic"和"位置代号"为"P1"，"页描述"输入为"原理图"后单击"确定"按钮。图中的页名就是页号。每生成一次页面，页号会自动增加，如图 4-12 所示。

图 4-12　新建页属性

4.2.2　绘制原理图

1. 绘制电源

控制电路的电源是从配电板或外电网引入的，本项目中的电源可以用三个端子表示或绘制有三个端子的"黑盒子"，黑盒子代表未知设备。带三个端子的黑盒子的绘制方法如下：插入→盒子/连接点/安装板→黑盒。选择"黑盒"，如图 4-13 所示。

在绘图区域拖出一个蓝色的虚线框，调整大小后，插入三个"设备连接点"将连接点的名称分别改成 L1、L2、L3，如图 4-14 所示电源绘制。

2. 绘制空气断路器

（1）打开部件主数据导航器。操作方法为选择"工具"→"部件"→"部件主数据"导航器，如图 4-15 所示。

（2）拖放空气断路器。在部件主数据导航器中单击"部件"前的加号（＋）→单击"电气工程"前的加号→单击"零部件"前的加号→单击"继电器、接触器"前的加号→单击"未定义"前的加号→单击"SIEMEN"中选择"SIE.3RV10 21-1JA15"后拖到画图区合适的位置。

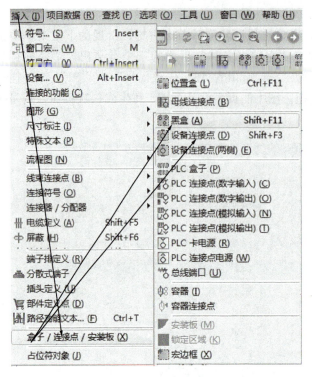

图 4-13　黑盒子和设备连接点的选择

图 4-14　电源

图 4-15　部件主数据导航器

3. 交流接触器的绘制

　　面向对象的设计当中，交流接触器的绘制方法比较特殊，本项目中使用交流接触器的三个主触点，一个线圈，一个常开辅助触点。考虑到其他项目的设计，故选择一个比较通用的交流接触器，其结构包括三个主触点、一对常开辅助触点、一对常闭辅助触点，实验室所用就是这种交流接触器。

（1）选择交流接触器的型号。在部件主数据导航器中单击"部件"前的加号（＋）→单击"电气工程"前的加号→单击"零部件"前的加号→单击"安全设备"前的加号→单击"SIEMEN"，部件编号中选择"SIE. 3RV10 21-1JA15"，如图 4-16 所示。

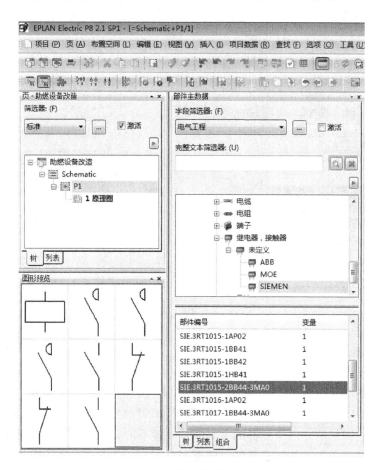

图 4-16　交流接触器的选择

（2）拖放交流接触器。将项目编号中的"SIE. 3RV10 21-1JA15"拖到画图区调整方向后，把线圈放在待绘制的控制电路的合适位置，三个主触点放在主电路合适的位置，一个常开辅助触点放在控制电路的合适的位置，接着出现的第二个常开辅助触点和常闭触点现放在绘图区，不需要时可以删除。三个主触点放在断路器的下方时自动连接。

4. 电动机的绘制

电动机的绘制和空气断路器的绘制方法相同，找到电动机的符号后放在交流接触器的下方时自动连线，电动机的选择如下：

在部件主数据导航器中单击"部件"前的加号（＋）→单击"电气工程"前的加号→单击"零部件"前的加号→单击"马达"前的加号→单击"未定义"前的加号，单击"SI-EMEN"，部件编号中选择"SIE. 1LA7070-4AB10-ZA11"，如图 4-17 所示。

通过以上方法也可以看到其他设备的图形符号，这个方法在设计"3D 箱柜"时非常有用。

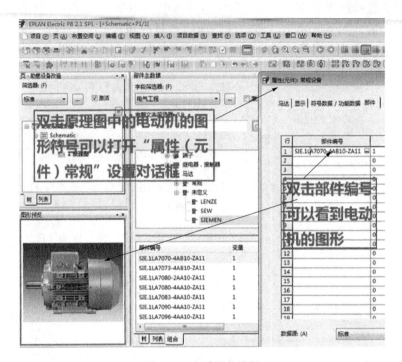

图 4-17　电动机的选择

5. 按钮的绘制

在部件主数据导航器中单击"部件"前的加号（＋）→单击"电气工程"前的加号→单击"零部件"前的加号→单击"传感器、开关和按钮"前的加号→单击"未定义"前的加号，单击"SIEMEN"，部件编号中选择"SIE. 3SB3201-0AA11"，如图 4-18 所示。

元件布局在绘图区后，两个元件的文字编号设置不同，软件可以识别为两个按钮，或停止按钮选择红色按钮，启动按钮选择黑色即可。

6. 插入接地端子

在"插入"菜单中选择"符号"→在"符号筛选器"中选择"IEC _ symbol"→单击"电气工程"前的加号→单击"电气工程的特殊功能"元件符号浏览器中中选择"接地符号"，如图 4-19 所示。

以上方法绘制的原理图如图 4-20 所示。

7. 设置端子排并插入端子

选择项目数据→端子排→导航器→空白处单击右键→下拉菜单中单击"新建端子"（设备）→生成端子（设置）对话框中输入相关信息，如图 4-21 所示。

输入端子排的相关信息后端子排导航器中会出现 10 个端子的端子排，如图 4-22 所示。

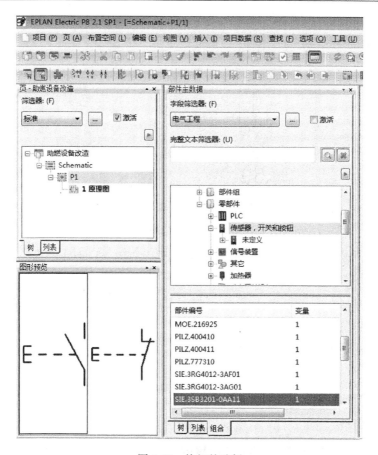

图 4-18 按钮的选择

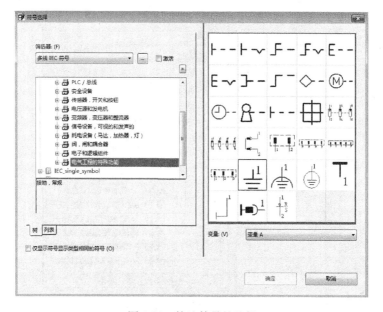

图 4-19 接地符号的选择

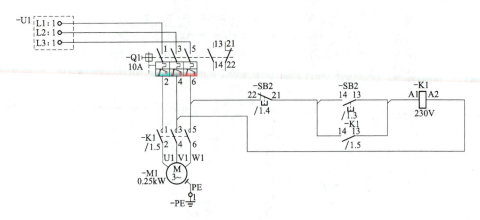

图 4-20　鼓风机的原理图

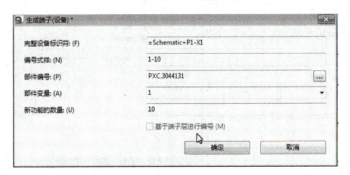

图 4-21　端子排属性

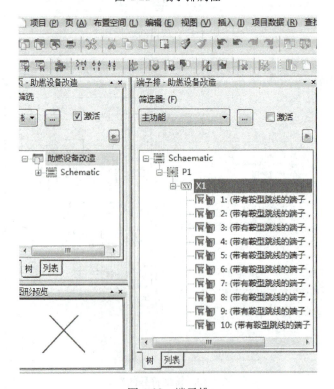

图 4-22　端子排

选中端子排导航器中 X1 的十个端子分别插入到电源、按钮、电动机连接导线的合适位置。插入的端子如图 4-23 所示。

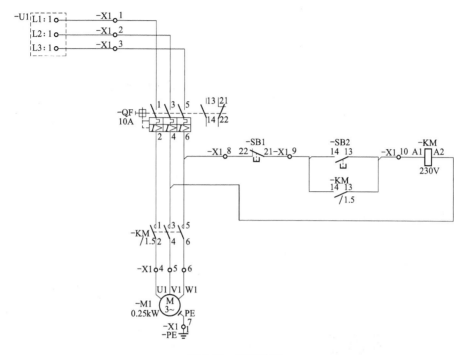

图 4-23　端子位置

8. 编辑线号

选中位置代号或编辑线号的原理图→"项目数据"→单击下拉菜单中的"连接"→"编号"→"放置",如图 4-24 所示。

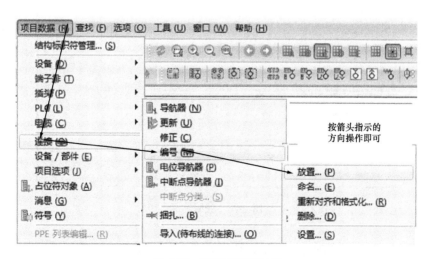

图 4-24　连接点定义过程

　　单击"放置"会出现"放置连接定义点"对话框，对话框中选择连接定义点方式后，"应用到整个项目"前打钩，如图 4-25 所示。

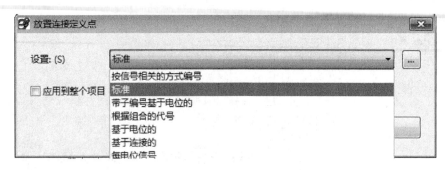

图 4-25　连接点定义选项

　　按如图 4-24 所示的操作方法再选择"命名…"，如图 4-26 所示。

图 4-26　线号命名

　　编辑命名方式后单击"确定"按钮，结果如图 4-27 所示。

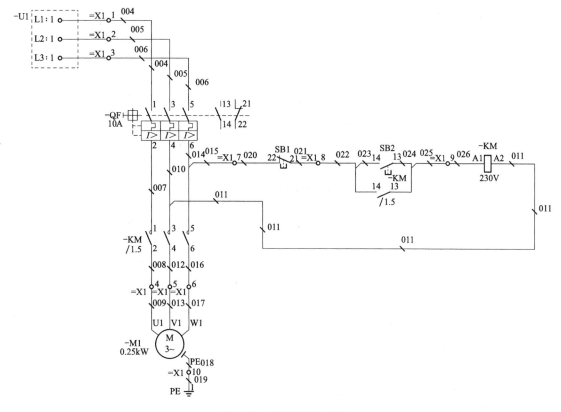

图 4-27　编辑完成的线号

任务 4.3　报　表　生　成

生成报表时设计需要的高层代号、位置代号等信息尽量用英文或汉语拼音字母。可以参考以下信息：封面高层代号为 Title；位置代号为 P1；目录高层代号为 Contents；部件汇总表高层代号为 Party_summary；连接列表的高层代号 Connection；端子图表 Teminals。

1. 端子图表的生成

选择"工具"→"报表"→"生成"，如图 4-28 所示。

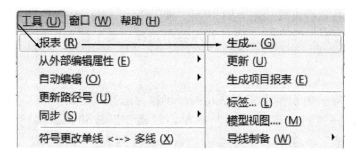

图 4-28　报表生成

单击"生成（G)"按钮会出现"报表"对话框，如图 4-29 所示。

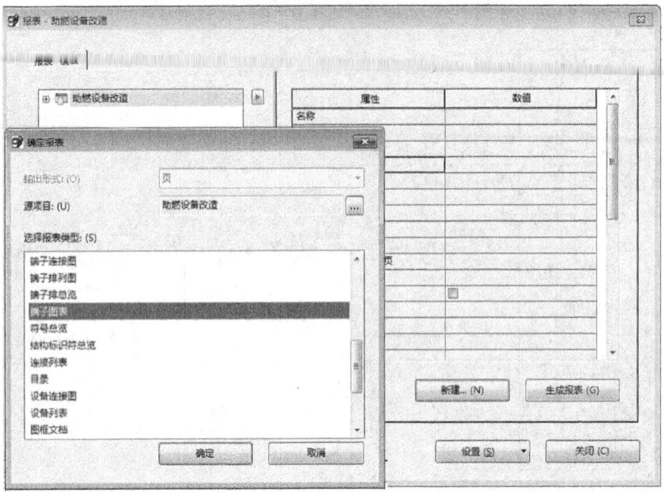

图 4-29　报表类型选择

单击"新建（N)"按钮，报表列表中选择"端子图表"，单击"确定"按钮后会出现"筛选/排序"对话框，如图 4-30 所示。

图 4-30　"筛选/排序"对话框

单击"确定"按钮会出现如图 4-31 所示"端子图表"对话框。

"输入高层"代号并"确定"。项目管理器中选择"端子图表"后在绘图区可以看到如图 4-32 所示的端子图表。

2. 连接列表的生成

操作方法和"端子图表"生成方法相同。步骤为选择"工具"→"生成（G)"→单击"新建（N)"按钮→选择"连接列表"→单击"确定"按钮，高层代号输入"Con"确定→单击"生成报表"→在项目管理器中单击"连接列表"，在绘图区可以看到"连接列表"，如图 4-33 所示。

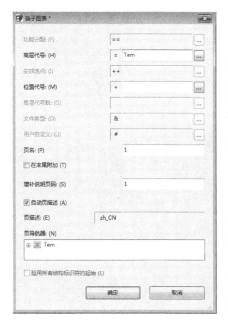

图 4-31 端子图标属性对话框

端子下端目标	线号	端子号		线号	端子上端目标	备注
=Sch-U1-L1：1	001	1	ı	004	=Sch-QF：1	
=Sch-U1-L2：1	002	2	ı	005	=Sch-QF：3	
=Sch-U1-L3：1	003	3	ı	006	=Sch-QF：5	
=Sch-M1：U1	009	4	ı	008	=Sch-KM：2	
=Sch-M1：V1	013	5	ı	012	=Sch-KM：4	
=Sch-M1：W1	017	6	ı	016	=Sch-KM：6	
=Sch-SB1：22	020	7	ı	015	=Sch-KM：5	
=Sch-SB1：21	021	8	ı	022	=Sch-KM：14	
=Sch-KM：A1	026	9	ı	025	=Sch-KM：13	
=Sch-PE：1	019	10	ı	018	=Sch-M1：PE	

图 4-32 端子图表

连接	源	目标	截面积	颜色	长度	页/列1	页/列2	功能定义
007	=Sch+P1-KM：1	=Sch+P1-QF：2	1.5	BU		=Sch+P1/1.2	=Sch+P1/1.2	导线/接线
010	=Sch+P1-KM：3	=Sch+P1-QF：4	1.5	BU		=Sch+P1/1.2	=Sch+P1/1.2	导线/接线
014	=Sch+P1-KM：5	=Sch+P1-QF：6	1.5	BU		=Sch+P1/1.2	=Sch+P1/1.2	导线/接线
011	=Sch+P1-KM：3	=Sch+P1-KM：A2	1.5	BU		=Sch+P1/1.2	=Sch+P1/1.5	导线/接线
024	=Sch+P1-KM：13	=Sch+P1-SB2：13	1.5	BU		=Sch+P1/1.4	=Sch+P1/1.4	导线/接线
023	=Sch+P1-KM：14	=Sch+P1-SB2：14	1.5	BU		=Sch+P1/1.4	=Sch+P1/1.4	导线/接线
004	=X1+P1：1	=Sch+P1-QF：1	1.5	BU		=Sch+P1/1.1	=Sch+P1/1.2	导线/接线
001	=X1+P1：1	=Sch+P1-U1-L1：1	1.5	BU		=Sch+P1/1.1	=Sch+P1/1.0	导线/接线
005	=X1+P1：2	=Sch+P1-QF：3	1.5	BU		=Sch+P1/1.1	=Sch+P1/1.2	导线/接线
002	=X1+P1：2	=Sch+P1-U1-L2：1	1.5	BU		=Sch+P1/1.1	=Sch+P1/1.0	导线/接线
006	=X1+P1：3	=Sch+P1-QF：5	1.5	BU		=Sch+P1/1.1	=Sch+P1/1.2	导线/接线
003	=X1+P1：3	=Sch+P1-U1-L3：1	1.5	BU		=Sch+P1/1.1	=Sch+P1/1.0	导线/接线
008	=X1+P1：4	=Sch+P1-KM：2	1.5	BU		=Sch+P1/1.2	=Sch+P1/1.2	导线/接线
009	=X1+P1：4	=Sch+P1-M1：U1	1.5	BU		=Sch+P1/1.2	=Sch+P1/1.2	导线/接线
012	=X1+P1：5	=Sch+P1-KM：4	1.5	BU		=Sch+P1/1.2	=Sch+P1/1.2	导线/接线
013	=X1+P1：5	=Sch+P1-M1：V1	1.5	BU		=Sch+P1/1.2	=Sch+P1/1.2	导线/接线
016	=X1+P1：6	=Sch+P1-KM：6	1.5	BU		=Sch+P1/1.2	=Sch+P1/1.2	导线/接线
017	=X1+P1：6	=Sch+P1-M1：W1	1.5	BU		=Sch+P1/1.2	=Sch+P1/1.2	导线/接线
015	=X1+P1：7	=Sch+P1-KM：5	1.5	BU		=Sch+P1/1.2	=Sch+P1/1.2	导线/接线
020	=X1+P1：7	=Sch+P1-SB1：22	1.5	BU		=Sch+P1/1.2	=Sch+P1/1.3	导线/接线
022	=X1+P1：8	=Sch+P1-KM：14	1.5	BU		=Sch+P1/1.3	=Sch+P1/1.4	导线/接线
021	=X1+P1：8	=Sch+P1-SB1：21	1.5	BU		=Sch+P1/1.3	=Sch+P1/1.3	导线/接线
025	=X1+P1：9	=Sch+P1-KM：13	1.5	BU		=Sch+P1/1.5	=Sch+P1/1.4	导线/接线
026	=X1+P1：9	=Sch+P1-KM：A1	1.5	BU		=Sch+P1/1.5	=Sch+P1/1.5	导线/接线
018	=X1+P1：10	=Sch+P1-M1：PE	1.5	BU		=Sch+P1/1.2	=Sch+P1/1.2	导线/接线
019	=X1+P1：10	=Sch+P1-PE：1	1.5	BU		=Sch+P1/1.2	=Sch+P1/1.2	导线/接线

图 4-33 连接列表

报表中截面积、颜色、长度在没有设计的情况下该列为空。长度设计 3D 箱柜后自动更新，没有设计 3D 箱柜前是没有办法计算的。截面积和颜色可以采用如下方法修改。选择"选项"菜单→下拉菜单中选择"设置"→设计属性列表中选择项目名称→单击"连接"按钮前的加号→选择"属性"→"数值"输入框中输入 1.5，单位为平方毫米→单击"确定"
按钮，如图 4-34 所示。

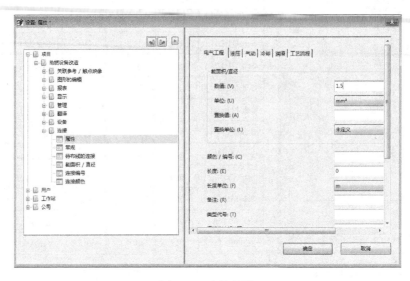

图 4-34　连线属性

更新连接列表操作："工具"→"报表"→选择"项目"→单击"报表生成"→项目管
理器中单击"连接列表"，在绘图区中可以浏览"连接列表"。

3. 部件汇总表

"工具"→"生成（G）"→单击"新建（N）"按钮→选择"部件汇总表"→单击"确
定"高层代号输入"Par"确定→单击"生成报表"→项目管理器中单击"部件汇总表"在
绘图区可以看到"部件汇总表"，如图 4-35 所示。

订货编号	数量	描述名称	类型号部件编号	制造商 供应商	单价	总价	位置
045181	1块	主回路接触器	DIL00AM-22 MOE.045181	MOE MOE	0.00	0.00	
063-31	1块	三相马达	063-31 LENZE.063-31	LENZE LENZE	0.00	0.00	
3RV10 21-1JA15	1块	马达保护开关	3RV10　21-1JA15 SIE.3RV10　21-1JA15	SIEMEN SIEMEN	0.00	0.00	
3SB3201-0AA21	1块	全套设备，圆形，按钮	3SB3201-0AA21 SIE.3SB3201-0AA21	SIEMEN SIEMEN	0.00	0.00	

图 4-35　部件汇总表

4. 设备连接图

"工具"→"生成（G）"→单击"新建（N）"→选择"设备连接图"→单击"确定"高
层代号输入"Shebeilianjietu"确定→单击"生成报表"→项目管理器中单击"Shebeilianjie-
tu"在绘图区可以看到"设备连接图"。本项目中有 9 个设备，分别生成 9 个设备连接图，为
节省资源用画图板合并为一起。如图 4-36 所示。

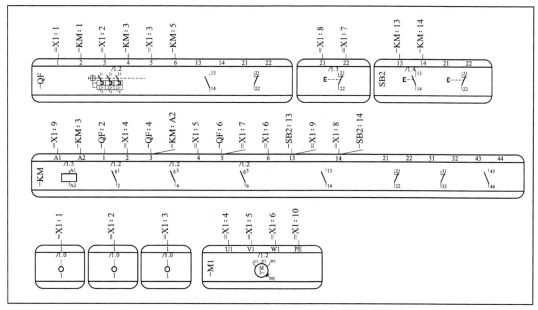

图 4-36　设备连接图

5. 端子连接图

"工具"→"生成（G）"→单击"新建（N）"→选择"端子连接图"→单击"确定"高层代号输入"Duanzilianjietu"确定→单击"生成报表"→项目管理器中单击"Duanzilianjie-tu"在绘图区可以看到"端子连接图"。本项目中有 9 个设备，分别生成 9 个端子连接图，为节省资源用画图板合并为一起，如图 4-37 所示。

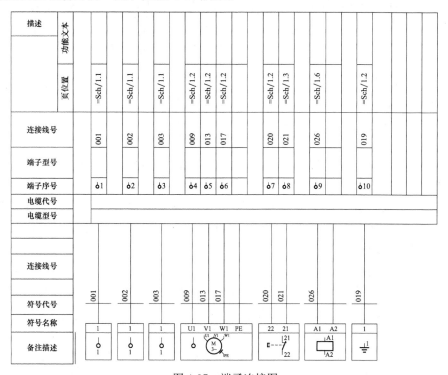

图 4-37　端子连接图

通过修改模版可以生成如图 4-37 所示的端子连接图。宏菜单中的导出功能可以彩色输出，也可以黑白输出，如图 4-38 所示为黑白输出的端子连接图。

Eplan 软件提供 32 种报表类型，可以根据实际需要选择输出。

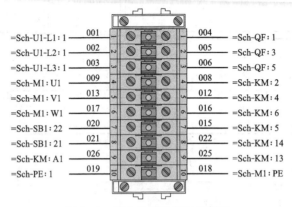

=Sch-U1-L1：1	001	
=Sch-U1-L2：1	002	
=Sch-U1-L3：1	003	
=Sch-M1：U1	009	
=Sch-M1：V1	013	
=Sch-M1：W1	017	
=Sch-SB1：22	020	
=Sch-SB1：21	021	
=Sch-KM：A1	026	
=Sch-PE：1	019	

004 =Sch-QF：1
005 =Sch-QF：3
006 =Sch-QF：5
008 =Sch-KM：2
012 =Sch-KM：4
016 =Sch-KM：6
015 =Sch-KM：5
022 =Sch-KM：14
025 =Sch-KM：13
018 =Sch-M1：PE

图 4-38　黑白输出的端子连接图

任务 4.4　设计 3D 箱柜

4.4.1　设计 3D 箱柜前的准备工作

1. 修改工作区域

Eplan P8 的绘制图区是绘制原理图区不适合设计 3D 箱柜，所以改成 Pro Panel 的工作区。操作方法如下：选择"视图（V）"→"工作区域（K）"，如图 4-39 所示。

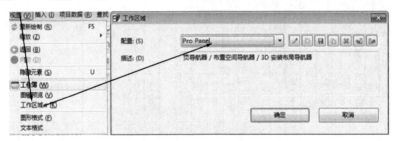

图 4-39　修改工作区域

单击"确定"按钮后同时打开"3D 安装布局"和"布置空间"导航器，如图 4-40 所示。

2. 添加工具箱

添加两个 3D 布局有关的"3D 视角"和"Pro Panel 布线"工具箱。工具箱栏的空白区点鼠标右键→下拉菜单中选择"3D 视角"和"Pro Panel 布线"，如图 4-41 所示。

4.4.2　设计 3D 箱柜

1. 新建"布置空间"

"布置空间"导航器的空白区域单击"右键"→下拉菜单中单击"新建"→对话框中输入"布置空间"名称→单击"确定"按钮。

2. 插入"箱柜"

双击空间名称后绘图区出现三维坐标系后→"插入"下拉菜单中选择"箱柜"→选择合适的箱柜，如图 4-42 所示。

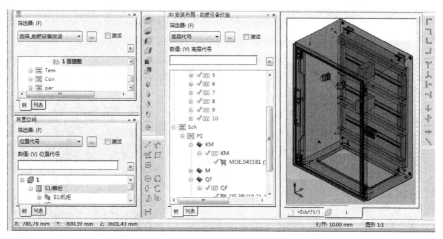

图 4-40　3D 布局导航器和空间布置导航器

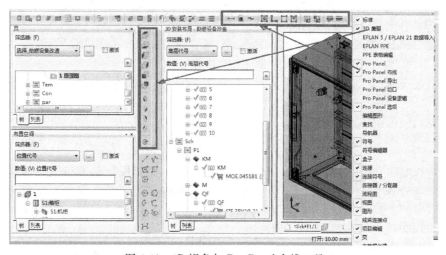

图 4-41　3D 视角与 Pro Panel 布线工具

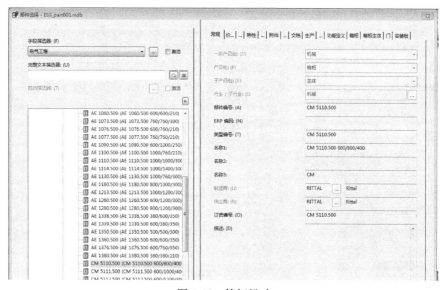

图 4-42　箱柜尺寸

　　箱柜列表中选择合适的箱柜尺寸后，双击回到画图区，箱柜图形放到合适的位置，如图 4-43 所示。

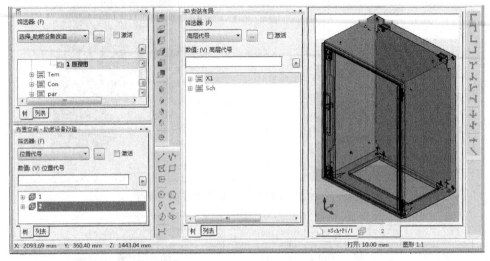

图 4-43　3D 箱柜

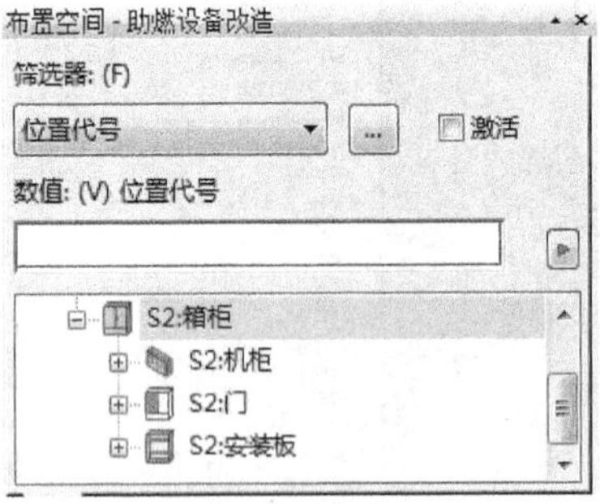

　　　　　　　　　　　　　　　　　单击布置空间名称 2 前的加号→单击"S2 箱柜"前的加号可以看到"S2 门"和"S2 安装板"，如图 4-44 所示。

　　　　　　　　　　　　　　　　　3. 选择安装板

　　　　　　　　　　　　　　　　　选中"S2：安装板"单击右键→下拉菜单中选择"转到（图形）"→"3D 视角"工具中点"前视图"，如图 4-45 所示。

　　　　　　　　　　　　　　　　　4. 安装"线槽"

　　　　　　　　　　　　　　　　　"插入"菜单中选择"线槽"→"线槽"列表中

图 4-44　箱柜部件

选择"KK3040 电缆通道（30×40）"，如图 4-46 所示。

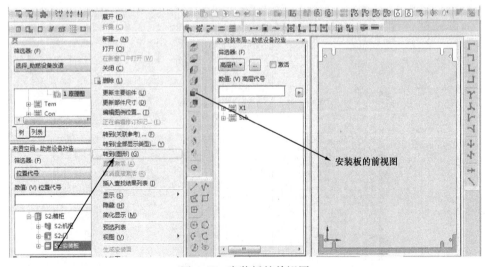

图 4-45　安装板的前视图

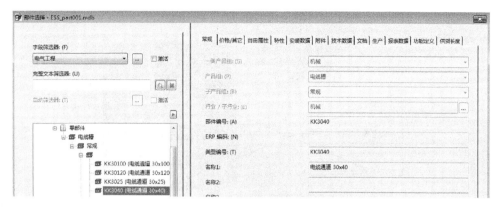

图 4-46　线槽尺寸

安装板上放置线槽，如图 4-47 所示。

5. 安装导轨

安装导轨的方法和安装线槽的方法相同，线槽列表中选择标准导轨（35 × 7.5），线槽中间安装导轨，如图 4-47 所示。

6. 安装板上安装设备

将 3D 安装布局导航器中的所需设备拖放到导轨上的合适位置，如图 4-48 所示。

7. 门上安装设备

控制按钮安装在门上，如图 4-49 所示。

所有设备安装完成的 3D 箱柜如图 4-50 所示。

8. 箱柜布线

选中"安装板"→单击右键→下拉"菜单"中点"转到（图形）"→"3D 视

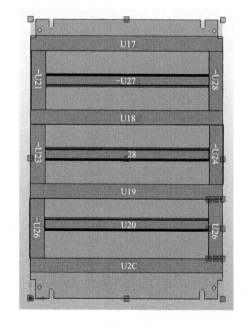

图 4-47　安装好的线槽和导轨

角工具"中单击"前视图"→选择布线设备→单击"Pro Panel 布线"工具→工作区中可以看到布线结果，如图 4-51 所示。

9. 定义按钮的走线路径

从 3D 布线效果图上可以看到大部分线已经显示出来了，其中有几根"飞线"，是从柜内飞向门上的，并非正常路径。门上有两个按钮，实际上安装板和门中间没有路径，所以需要定义一个路径来告诉系统，哪部分可以走线，将安装板到门上打通一个走线通路，使二者的连接线不至于成"飞线"。

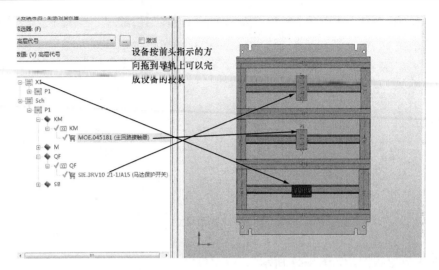

图 4-48　安装板上的设备安装图

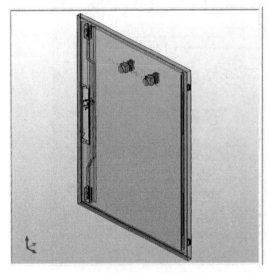

图 4-49　门上安装的按钮

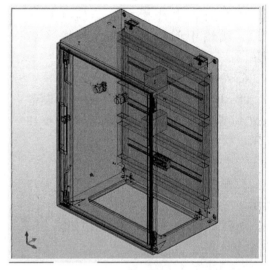

图 4-50　设备安装完成的 3D 箱柜

　　操作方法如下：安装板和门同时显示出来后两边用布线路径连接起来，布局空间中选择"门"，在门上布置走线路径。门上的设备不多，因此不需要安装线槽，把几根线走到一起用"捆绑带"固定后通过"波纹管"连接到"安装板"上。用"Pro Panel布线"工具栏上的布线路径工具在门上画布线路径，先将按钮框起来后，路径通过的边取决于门上"角链"，因为门上有一段软管没有办法绘制，所以错误，链接无效，需要画长一点，如图4-52所示。

　　设置好路径后，选择安装板单击右键，下拉菜单中选择"显示"→"选择"。门和安装板同时显示出来了，如图4-53所示。

　　用"路径工具"将门上的路径连接到"安装板"上的线槽内，再观察布线效果，如图4-54所示。

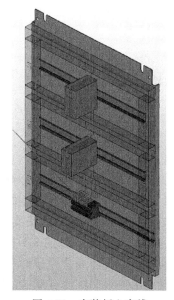

图 4-51　安装板上布线

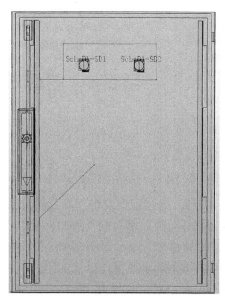

图 4-52　按钮的布线路径

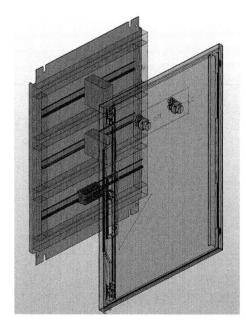

图 4-53　显示安装板和门

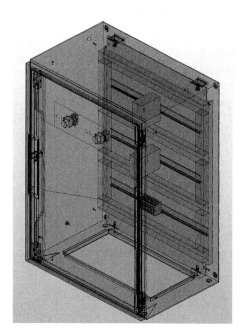

图 4-54　连接走线路径

10. "Pro Panel 布线"

选中箱柜中的所有设备，用"Pro Panel 布线"工具布线。看到满意的效果后刷新连接表，可以看到每根线标注的尺寸。

项目 5 挖掘 Eplan 的 3D 宏

 项目概述

项目 4 中设计的 3D 箱柜中接触器，热继电器是一个方盒子，没有显示实际设备的外观，不会影响 3D 布线，通过观察发现上下元件只采用一根导线连接。如果需要直观显示实际设备的外观和每根连接线，掌握设备的 3D 宏信息就非常重要。Eplan P8 默认安装时自带的部件库中原理图符号非常全面，设计原理图时这些符号足以使用，但部件的 3D 宏信息有限。如果项目 2 中有接触器和热继电器的 3D 宏，在 3D 箱柜中显示的不是方盒子而是实际外观，且每根线都会显示出来。3D 宏类似一个仓库一样保存设备的外观和连接点信息。设计 3D 箱柜之前尽可能地挖掘软件自带的 3D 宏，利用这些有限资源来提高设计效果和效率。如果没有充分了解部件的 3D 宏，花费大量时间设计的 3D 箱柜上显示的不是实际设备的外观，还要花费更多的时间查询、修改、补充这些宏信息。所以本项目中学习查询整理 3D 宏信息方法。

指导性学习计划

学时	2
方法	(1) 利用多媒体方式进行学习。 (2) 3D 宏查询。 (3) 讲解和演示相结合讲述电气图的绘制方法。 使用者查询一部分部件的 3D 宏信息，合并生成表格。使用者用 Eplan 软件查询部件库中有 3D 宏的部件信息，整理成表格，以后项目的电气图和 3D 箱柜的设计可以直接使用这些信息
重点	断路器、接触器、热继电器、按钮、等部分部件的 3D 宏查询
难点	部件 3D 宏的查询
目标	掌握部件 3D 宏信息的查询

任务 5.1 电气设备 3D 宏信息的查询方法

下面以"马达保护开关"为例讲解挖掘 Eplan 的 3D 宏的方法，工具菜单中打开部件导航器，如图 5-1 所示。

打开想要查询的部件查看"安装信息"选项卡中有无 3D 宏，如果有，将其设备名称和宏名称记下来列个表格，如图 5-2 所示。

然后打开"部件数据导航器"，输入部件的型号查询，查出来的部件拖放到工作区中，图形浏览器中可以看到设备 3D 图形，如图 5-3 所示。

3D 图形复制到表格内。以上方法得到的部分部件的 3D 宏信息见表 5-1。设计其他项目时可以直接使用这些设备型号，可大量时间，做到一步到位。

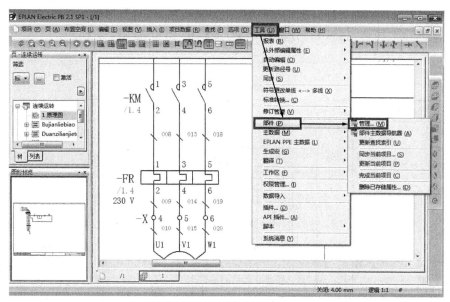

图 5-1 打开部件导航器的过程

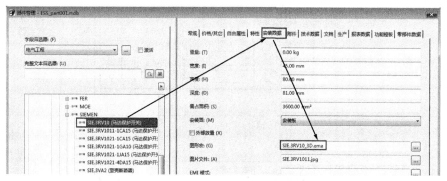

图 5-2 马达保护开关的 3D 宏名称

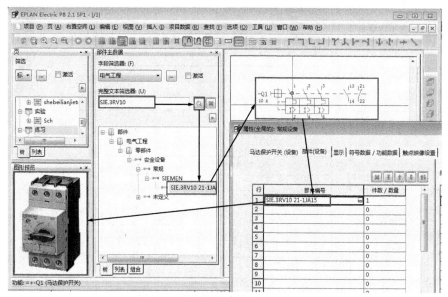

图 5-3 马达保护开关的 3D 宏图形

任务 5.2　Eplan 中一些常用电气设备 3D 宏信息

表 5-1　　　　　　　　　　　　　　**Eplan 的 3D 宏信息**

序号	3D宏和部件名称	原理图符号	3D图形
1	BECK. BK3100-BECK. BK31xx _ 3D. ema PLC 总线耦合器	-A1 BK3100　Profibus DP ⊗ CYC　⊗　⊗ + → ⊗ ERR　　　　 - → ⊗ WD　　　　 PE → ⊗ ⊗ I/O RUN ⊗ I/O ERR　总线耦合器供电　能量触点电源 ADDRESS x1 x10 BFCKHOFF HK3110 FROFIBUS 24V 0V 1+ 2+ 1- 2- 1PE 2PE	
2	BECK. KL1012-BECK. KLxx _ 3D. ema PLC2 通道数字输入端子	-A3　数字输入端子 E0.0　　　　　E0.1 IN1 1+ 1- 1PE　IN2 2+ 2- 2PE 1　2　3　4　5　6　7　8	
3	BECK. KL1012-BECK. KLxx _ 3D. ema PLC2 通道数字输出端子	-A4　数字输出端子 A0.0　　　　　A0.1 OUI1 1+ 1- 1PE　OUI2 2+ 2- 2PE 1　2　3　4　5　6　7　8	

序号	3D 宏和部件名称	原理图符号	3D 图形
4	BECK. KL9190-BECK. KLxx ＿ 3D. ema　PLC 总线功能端子		
5	PILZ. 400410-PILZ. 40041x ＿ 3D. ema　急停按钮		
6	PILZ. 400411-PILZ. 40041x ＿ 3D. ema　急停按钮		
7	PILZ. 777310-PILZ. 777310 ＿ 3D. ema　急停保险开关设备		

续表

序号	3D 宏和部件名称	原理图符号	3D 图形
8	PXC. 2861331 _ 3D. ema PLC 电源模块	IB IL 24 PWR IN-PAC IB IL 24 PWR IN-PAC	
9	PXC. 2861221 _ 3D. ema PLC 数字 I/O 输入卡	数字输入端子	
10	PXC. 2861xxx _ 3D. ema 电源 100-24VAC DC/5A	数字输入端子	
11	PXC. 2862246 _ 3D. ema 总线耦合器	Profibus DP PHOENIX CONTACT	
12	PXC. 2938581 _ 3D. ema 电压源和发电机	100-240 VAC/24V/5A	

续表

序号	3D宏和部件名称	原理图符号	3D图形
13	PXC. 3031212 _ 3D. ema 带弹簧连接的贯通式端子		
14	PXC. 3031212 _ 3D. ema 带弹簧连接的贯通式端子		
15	PXC. 3031238 _ 3D. ema 带弹簧连接的贯通式端子		
16	PXC. 3044076 _ 3D. ema 带弹簧连接的贯通式端子		
17	PXC. 3044131 _ 3D. ema 带弹簧连接的贯通式端子		

续表

序号	3D 宏和部件名称	原理图符号	3D 图形
18	PXC. 3044157 _ 3D. ema 安全式端子		
19	SIE. 3LD2 504- 0TK53 _ 3D. ema 主开关/急停开关柜内		
20	SIE. 3LD2 514- 0TK53 _ 3D. ema 主开关/急停开关柜内		
21	SIE. 3LD9　284- 1B _ 3D. ema 开关 3LD2 的传动装置		
22	SIE. 3RT1024-1B B44-3MA0　3D. ema 交流接触器		
23	SIE. 3RV1021-1J A15 _ 3D. ema 马达保护开关		

续表

序号	3D宏和部件名称	原理图符号	3D图形
24	SIE. 3SB3201-0A A11 _ 3D. ema 全套设备，圆形，按钮（黑色）	E-\ E-7	
25	SIE. 3SB3201-0A A21 _ 3D. ema 全套设备，圆形，按钮（红色）	E-\ E-7	
26	SIE. 3SB3217-6A A20 _ 3D. ema 全套设备，圆形指示灯（红色）	⊗	
27	SIE. 3SB3217-6A A40 _ 3D. ema 全套设备，圆形指示灯（绿色）	⊗	
28	SIE. 5SX2102-8 _ 3D. ema 小型断路器		
29	Stecker. 3-polig＋PE _ 3D. ema 插头 3-极＋PE		

序号	3D 宏和部件名称	原理图符号	3D 图形
30	MOE. 031882. ema 定时继电器，电子式		
31	SIE. 1LA7070-4A B10-ZA11 马达		
32	SIE. 3RP1533-2A Q30. ema 定时继电器，多功能		
33	SIE. 3RP1555-1A P30. ema 定时继电器，电子式		

项目 6　电动葫芦的电气图与 3D 箱柜设计

项目概述

　　项目 5 中讲述了 Eplan P8 中 3D 宏的查询方法并将统计部分部件的 3D 宏列成表格，项目 6 是直接使用项目 5 中统计数据做一个具体项目。本项目中讲述的设计设备的位置与现场实际设备的安装位置不一定相同，特别是电动葫芦按钮控制部分现场是手持式的，长导线通过端子排连接在控制柜上。

指导性学习计划

学时	4
方法	（1）利用多媒体方式进行学习。 （2）在电脑上完成设计。 （3）讲解和演示相结合讲述电气图的绘制方法。 使用者用 Eplan 软件完成电气图绘制，3D 箱柜的设计，3D 箱柜布线
重点	电气控制原理图的绘制；各种报表的生成；3D 箱柜设计；3D 箱柜布线
难点	3D 箱柜设计
目标	掌握电气图的绘制，报表的生成，3D 箱柜的设计，3D 箱柜布线

　　项目任务：电动葫芦一般安装在单梁起重机、桥式起重机、门式起重机、悬挂起重机上，稍加改造，还可以用作卷扬机。因此，电动葫芦是提高劳动效率，改善劳动条件的必备机械。

　　项目设计要求：

　　（1）出于电动葫芦安全性考虑，在紧急情况下能够切断主电路；并采用有过负荷、失电的电动机保护开关；

　　（2）电动葫芦左、右运行，钓钩的上、下运行为点动控制；采用两个交流接触器来控制电动葫芦的左右运行；另外两个交流接触器控制钓钩的上下运行；采用四个按钮来实现电动葫芦的左、右、上、下的点动运行。电动葫芦实物如图 6-1 所示。

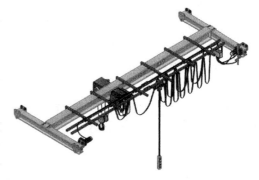

图 6-1　电动葫芦实物图

任务 6.1　电动葫芦电气图设计

6.1.1　准备工作

1. 软件的运行

本设计中设计项目所需的各种电气图选择了 Eplan P8。双击桌面上的 "EPLAN Electric

P82.1SP1"快捷图表可以运行软件。打开"项目管理器""设备管理器""图形浏览器"导航器；打开图形工具箱和连接符号工具箱。打开这些导航器和工具箱有助于项目的设计，设计者可以根据自己的设计习惯而定。但是打开的工具箱和导航器太多时，会使绘图区变得太小而影响到设计效果的观察，所以有些暂时不需要的工具可以关闭，需要时再打升，如图6-2所示。

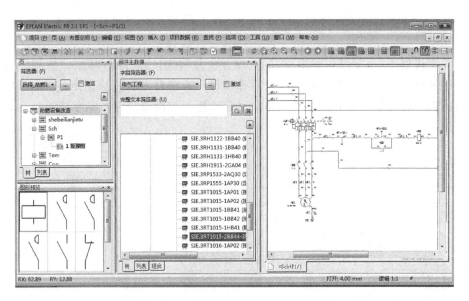

图 6-2   本项目所需的导航器和工具箱

2. 项目管理器中新建项目

项目下拉"菜单"中单击"新建"→"创建项目"，在创建项目对话框中输入项目名称为"电动葫芦"→点"保存位置"后的（…），选择保存项目路径为E盘→"设置创建日期"前打钩→单机"模板后的（…），选择模板为"IEC_tpl001.ept"→"设计创建者"输入自己的名字（可选），如图6-3所示。

单击"确定"通过几秒的扫描过程后，会出现"项目属性"对话框，输入项目属性信息，如图6-4所示。

项目创建好后，"项目"可以像文件夹一样，存放"目录、原理图、设备列表、连接列表、端子图表、接线图"等设计资料。

6.1.2 设计原理图

1. 设计主电路

项目管理器中选择项目名称"电动葫芦"点右键→下拉菜单中点"新建"→"新建页"对话框中点开"完整页名"后的（…）→"完整页名"对话框中的"高层代号"处输入"Sch"。"高层代号"最好输入英文或拼音，不要输入汉字，输入汉字时出现"高层代号"错误提示。→"位置代号"处输入"P1"。位置代号就是安装代号→"页名"默认，如图6-5所示。

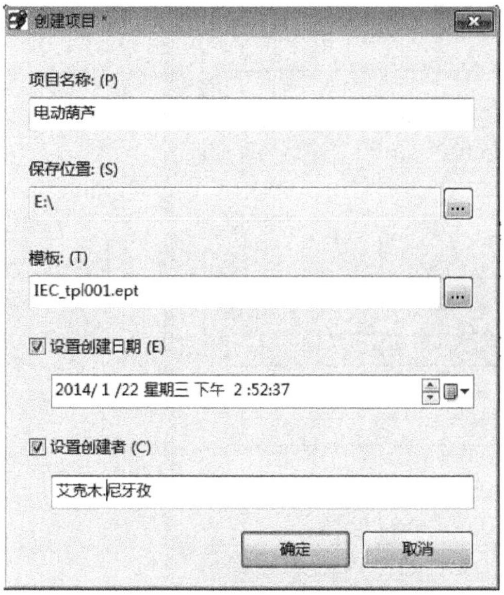

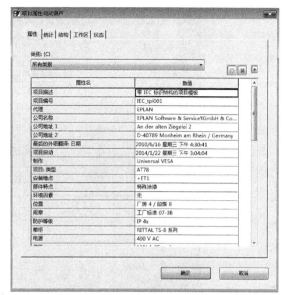

图 6-3　"创建项目"对话框　　　　　　　图 6-4　"项目属性"对话框

图 6-5　"新建页"对话框

　　单击"确定"后出现"新建页"对话框，输入"页描述"为原理图，如图 6-6 所示。

　　单击"确定"后开始绘制原理图。项目设计当中，主电路和控制电路可以绘制在两张纸上用中断线连接在一起，本项目中所使用的设备不多，原理图的内容也不多，所以可以绘制在一张纸上，供大家参考。

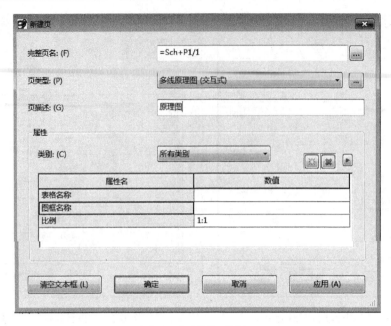

图 6-6　页属性对话框

原理图的绘制步骤如下：

（1）电源的绘制。选择"插入"下拉菜单中选择"盒子/连接点/安装板"→单击"黑盒"，如图 6-7 所示。

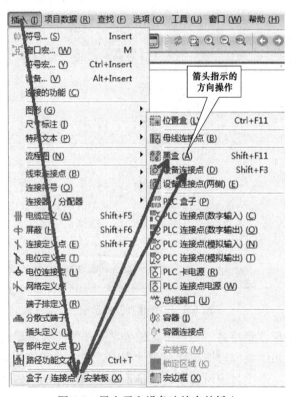

图 6-7　黑盒子和设备连接点的插入

在绘图区的合适位置绘制→盒虚线框长方形。"插入"下拉菜单中选择"盒子/连接点/安装板"→单击"设备连接点",在盒虚线框长方形内绘制 4 个连接点并命名为"L1、L2、L3、PE",如图 6-8 所示。

(2)插入"断路器"。插入"菜单"中选择"符号"会出现"符号选择"对话框,如图 6-9 所示。

符号筛选器中选择"电气工程"→图形符号浏览窗口中选择"电动机保护开关"放在绘图区的合适的位置时会出现"属性(元件)"对话框,如图 6-10 所示。

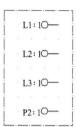

图 6-8　黑盒子绘制电源

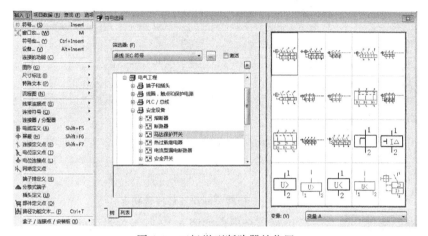

图 6-9　三极微型断路器的位置

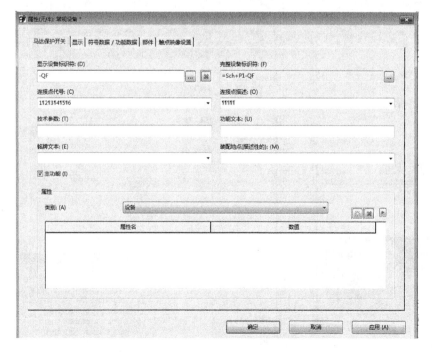

图 6-10　三极微型断路器元件属性

"显示设备标识符"处输入"QF",点"部件"选项卡会出现,如图 6-11 所示的对话框。

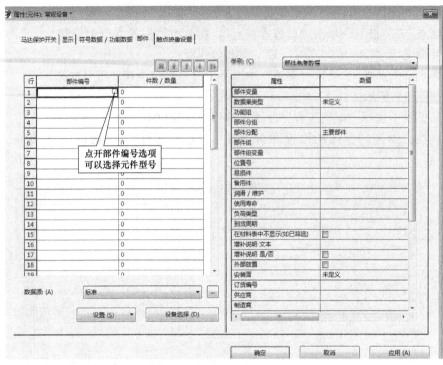

图 6-11　三极微型断路器部件选项卡

单击"部件编号"第一行后位置，会出现如图 6-12 所示的对话框。

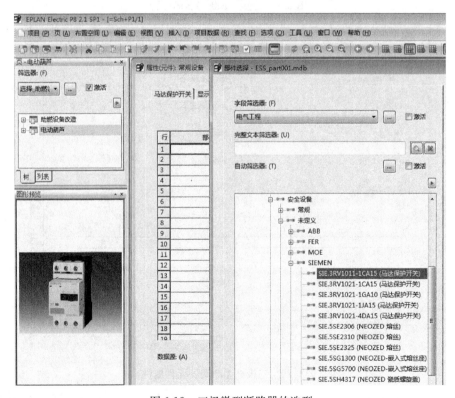

图 6-12　三极微型断路器的选型

部件选项中选择"电气工程"→"安全设备"→"未定义"→"SIEMEN"→"SIE.3RV1011-1CA15（马达保护开关）后单击"确定"。

（3）插入电动机。单击"插入"菜单→选择"符号"→筛选器中选择"电气工程"→单击"耗电设备"→单击"马达"，如图 6-13 所示。

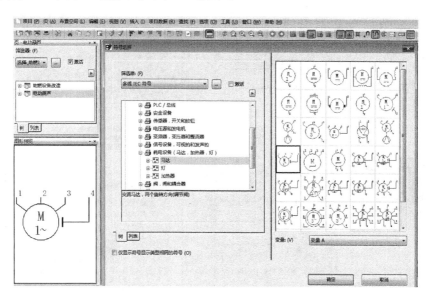

图 6-13　电动机的位置

选择电动机符号后放在绘图区中电动机保护开关下方，对准连接点时会自动连线。并出现"属性（元件）"对话框，如图 6-14 所示。

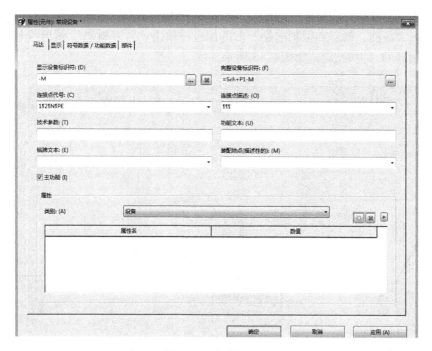

图 6-14　电动机属性

显示设备标识符处输入"M"后，单击"部件"选项卡，如图 6-15 所示。

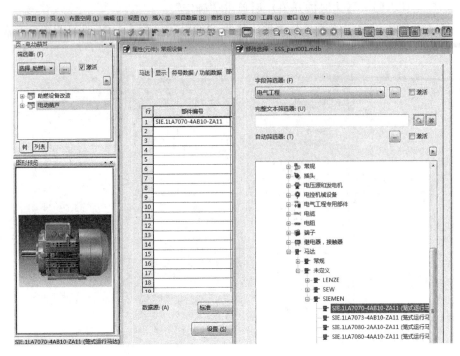

图 6-15　电动机选型

单击"部件编号"下的第一行→设备筛选器中选择"电气工程"→"马达"→"SI-EMEN"→"SIE.1LA7070-4AB10-ZA11"后单击"确定"。

（4）插入交流接触器主触点。"插入"菜单中选择"符号"→符号筛选器中选择"电气工程"→单击"线圈、触点和保护电路"前的加号→单击"常开触点"图形符号浏览窗口中选择交流接触器的"主触点"，如图 6-16 所示。

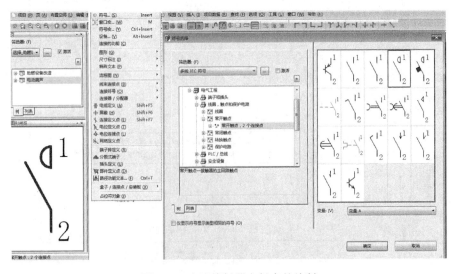

图 6-16　交流接触器主触点的绘制

　　交流接触器的主触点插入到"电动机保护开关"和电动机之间的连接线上并向右平行移动可以插入交流接触器的主触点，"显示设备标识符"改成"KM1"，连接点代号改成1¶2¶3¶4¶5¶6¶。同样的方法插入第二个交流接触器的主触点，"显示设备标识符"改为"KM2"，连接点代号改成1¶2¶3¶4¶5¶6¶。

　　2. 绘制控制电路

　　（1）插入按钮。插入"菜单"→单击"符号"，如图 6-17 所示。

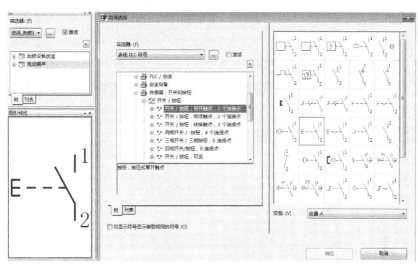

图 6-17　按钮的绘制

　　"符号筛选器"中选择"电气工程"→单击"传感器，开关和按钮"前的加号→选择"开关/按钮，常开触点，2 个连接点"→单击"确定"→用"Ctrl 和鼠标"旋转符号→放到绘图区的合适的位置→"显示设备标识符"改成"SB1"→选择"部件"选项卡会出现如图 6-18所示的对话框。

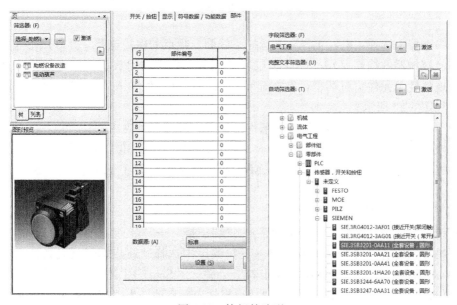

图 6-18　按钮的选型

单击"部件编号"下的第一行→设备筛选器中选择"电气工程"→零部件中选择"传感器，开关和按钮"→"未定义"中选择"SINMEN"→选择"SIE. 3SB3201-0AA11（黑色）"→单击"确定"。同样的方法插入常开按钮，"显示设备标识符"改成"SB2"，型号选择为"SIE. 3SB3244-6AA70（蓝色）"；插入常开按钮，"显示设备标识符"改成"SB3"，型号选择为"SIE. 3SB3201-0AA11（黑色）"；插入常开按钮，"显示设备表示符"改成 SB4，选择为"SIE. 3SB3244-6AA70（蓝色）"。

（2）插入交流接触器的线圈。"插入"下拉菜单中选择符号会出现如图 6-19 所示的对话框。

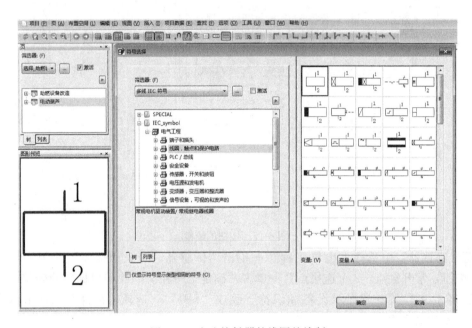

图 6-19　交流接触器的线圈的绘制

符号筛选器中选择"电气工程"→选择"线圈、触点和保护电路"元件图形符号浏览区中选择交流接触器的线圈→用"Ctrl 和鼠标"调整元件方向后放在控制电路的合适的位置时，会出现属性（元件）对话框，在"显示设备标识符"处输入"KM1"，再选择"部件"选项卡，如图 6-20 所示。

单击"部件编号"下的第一行→"部件筛选器"的部件列表中选择"电气工程"→零部件→"接触器，继电器"→"未定义"→"SIEMEN"→SIE. 3RT1024-1BB44"→单击"确定"。同样的方法插入 KM2，KM3，KM4 交流接触器，设备编号都是"SIE. 3RT1024-1BB44"。

3. 设计端子排并插入端子

（1）设计端子排。选择"项目数据"→"端子排"→"导航器"可以打开端子排导航器→端子排导航器的空白处→单击右键→下拉菜单中选择"新建端子（设备）→生成端子（设备）＊对话框，在"完整的设备标识符"处输入"Sch＋P1-X1"；"编号式样"处输入"1-25"；"部件编号"选择"PXC. 3044131"；部件变量自动变为"1"，如图 6-21 所示。

图 6-20 交流接触器的选型

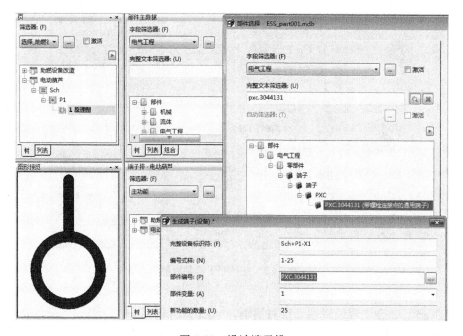

图 6-21 设计端子排

（2）插入端子排。选中端子排导航器中 X1 端子排的 25 个端子，分别插入到原理图中的电源端、电动机的三相线及按钮两端。插入端子后的电动葫芦原理图，如图 6-22 所示。

（3）编辑端子排。端子排导航器的空白处单击"右键"，如图 6-23 所示。

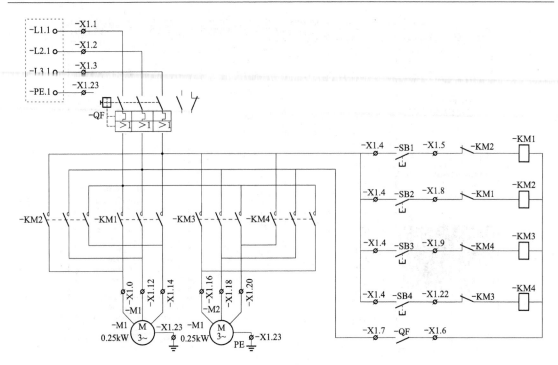

图 6-22　电动葫芦的原理图

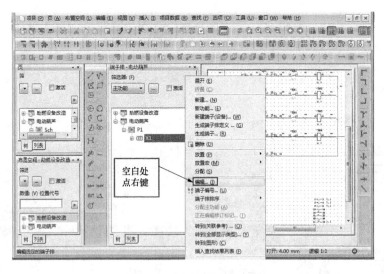

图 6-23　打开端子排导航器

选择"编辑"，会出现编辑端子排对话框，如图 6-24 所示。

调整跨接的端子，修改端子代号后单击"确定"，如图 6-25 所示。

4. 编辑线号

（1）放置连接定义点。"项目数据"下拉菜单中选择"连接"→"编号"→"放置"，如图 6-26 所示。

（2）选择连接定义点类型。"放置连接定义点"对话框中选择"基于连接的"→"应用整个项目"前打钩，如图 6-27 所示。

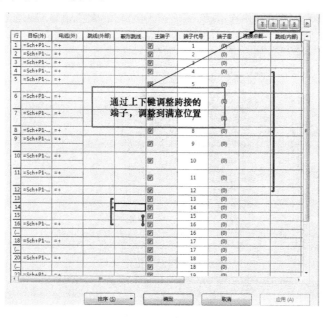

图 6-24　端子排编辑

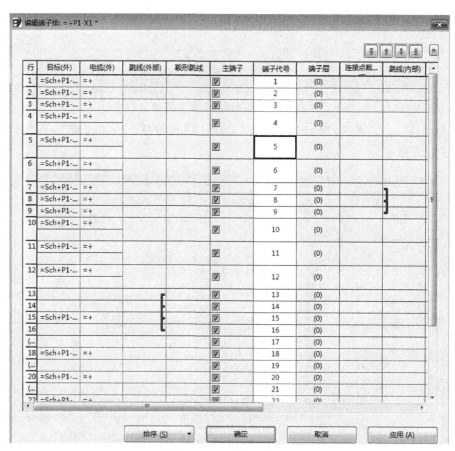

图 6-25　调整好的端子排

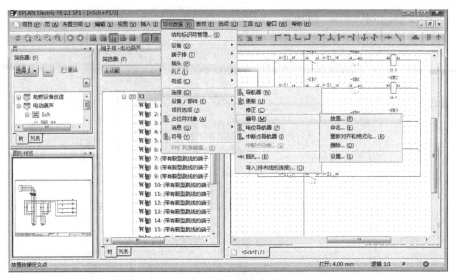

图 6-26　放置连接定义点

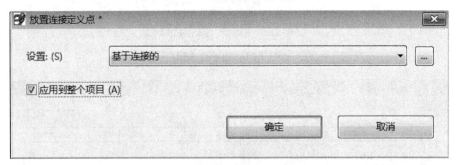

图 6-27　选择连接点定义类型

（3）命名连接点。单击"确定"按钮，选择"项目数据"→"连接"→"编号→"命名"，如图 6-28 所示。

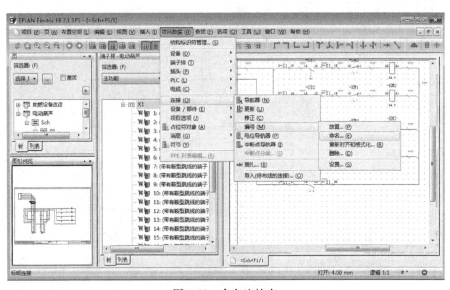

图 6-28　命名连接点

（4）编辑连接点编号。如果默认生成的线号不合适可以进行修改，如图 6-29 所示。

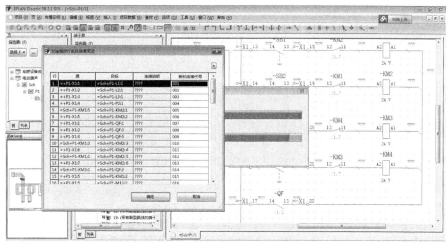

图 6-29 编辑线号

输入"命名"规则后单击"确定"按钮，可以看到编号结果，如图 6-30 所示。

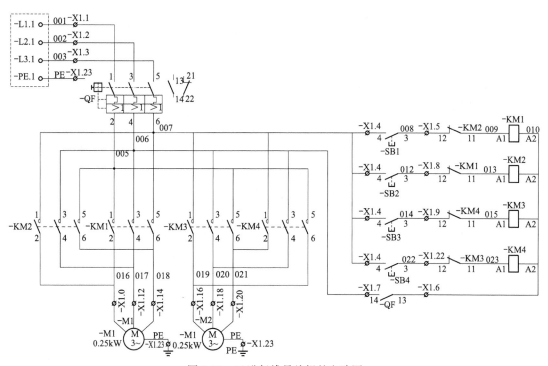

图 6-30 已进行线号编辑的电路图

任务 6.2 设 计 箱 柜

（1）更改"工作区"。"视图"下拉菜单中选择"工作区域"→出现的对话框中选择"Pro Penel"→单击"确定"按钮，如图 6-31 所示。

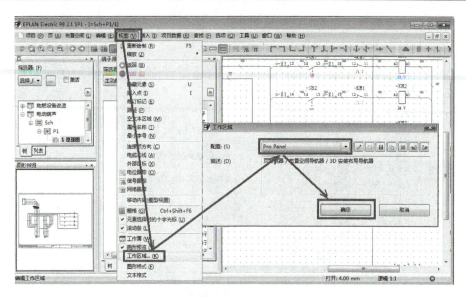

图 6-31 更改工作区域过程

（2）打开两个"工具箱"，如图 6-32 所示。

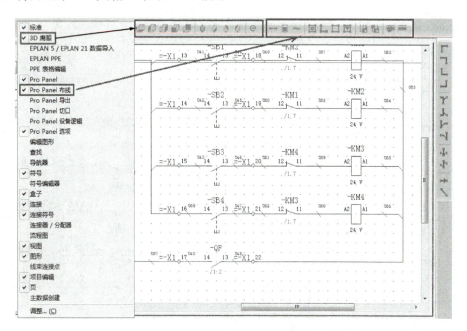

图 6-32 3D 视角和 Pro Panel 工具箱

（3）新建布置空间。在"布置空间"导航器的空白处点"右键"→下拉菜单中选择"新建"→出现的对话框的"名称"出输入"空间名称"→单击"确定"按钮，如图 6-33 所示。

（4）插入 3D 箱柜。选择新建的空间→单击"插入"下拉菜单→箱柜→出现的对话框中选择箱柜尺寸后单击"确定"按钮→出现的 3D 箱柜图形放在 3D 操作区合适的位置，如图 6-34 所示。

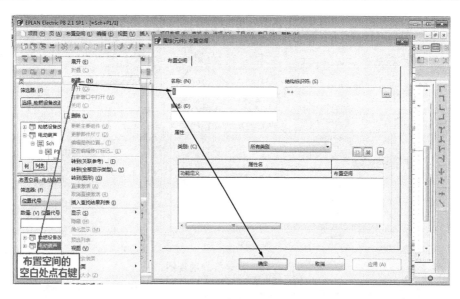

图 6-33　新建布置空间

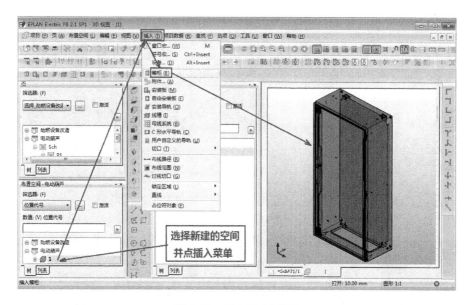

图 6-34　插入的 3D 箱柜

（5）选择安装板。"空间布局"导航器单击"电动葫芦"前的加号→单击"1"前加号→单击"S1：箱柜"前加号→选择"安装板"单击右键→出现的下拉菜单中选择转换（图形）→3D 视角工具箱中点"前视图"，如图 6-35 所示。

（6）插入线槽。选择"安装板"→单击"插入"下拉"菜单"→单击"线槽"→出现的对话框中选择线槽规格后单击"确定"按钮，如图 6-36 所示。

布置线槽，调整位置，如图 6-37 所示。

（7）插入安装导轨。选择"安装板"单击右键→单击"插入"→单击"安装导轨"→导轨规格选择"35×7.5"→单击"确定"按钮，线槽正中安装导轨，如图 6-38 所示。

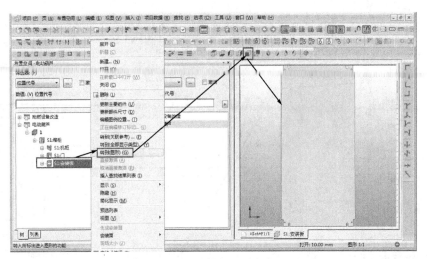

图 6-35　安装板的前视图

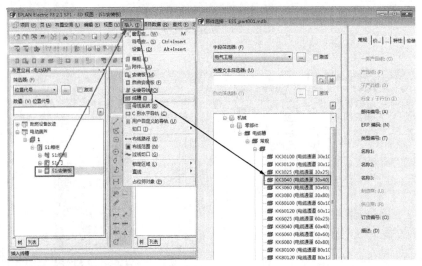

图 6-36　线槽尺寸

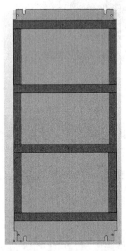

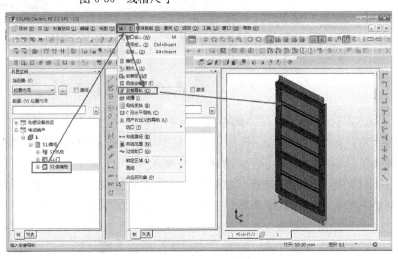

图 6-37　安装好的线槽图　　　　　　　图 6-38　安装好的导轨图

（8）布置设备。3D 安装布局导航器中选择端子排"X1"拖到安装板最下方的导轨上，如图 6-39 所示。

同样的方法把电动机保护开关拖到第一行导轨，四个交流接触器拖放到第二行导轨上，如图 6-40 所示。

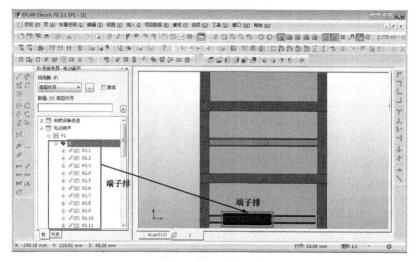

图 6-39　安装好的端子排图

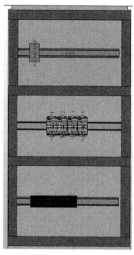

图 6-40　安装板的设备图

（9）门上安装设备。布置空间导航器中选择"S1：门"后单击右键→下拉菜单中选择"转换（图形）→3D 视角工具箱中单击"前视图"→3D 布局导航器中选择 4 个按钮布置在"门"上，如图 6-41 所示。

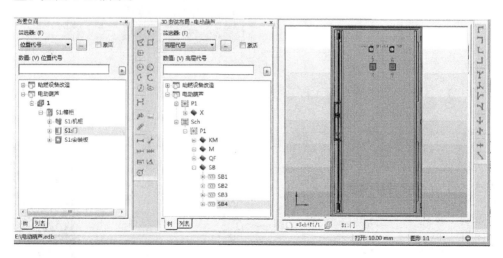

图 6-41　门上的设备

一般现场上使用的电动葫芦是通过"四个按键"的手持式按钮控制的，按钮安装在盒子里，引出的线通过端子排连接在安装板上。

（10）设置按钮连接线的走线路径。用"Pro Penal 布线"工具中"布线路径"工具在四

图 6-42　按钮的
走线路径

个按钮周围绘制矩形框，路径拉到"角链"侧绘制路径，如图 6-42 所示。

（11）柜体"门"上的导线和"安装板"上的导线的连接。同时显示"门"和"安装板"，用"Pro Penel 布线"工具箱中的"布线路径"工具，将门上的布线路径连接在"安装板"上的线槽内，如图 6-43 所示。

（12）导线的截面积和颜色的修改。"选项"下拉菜单中选择"设备"→设计属性对话框中选择"电动葫芦"→单击"连接"前的加号→选"属性"→"数值"处输入 1.5→"颜色/编号"处输入"BU（蓝色）确定，如图 6-44 所示。

（13）Pro Panel 布线。打通门和安装板之间的"布线路径"后选中"箱柜"→单击"Pro Panel 布线"工具箱中的"布线"工具，可以看到布线效果，如图 6-45 所示。

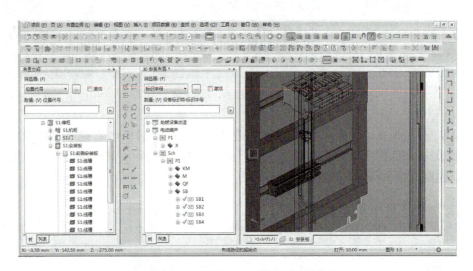

图 6-43　同时显示门和安装板图

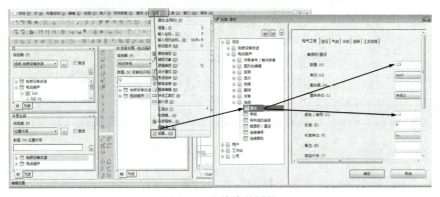

图 6-44　连接线的属性

图 6-45　箱柜的
3D 布线图

任务 6.3 生 成 报 表

各种报表的生成在项目 2 中有详细介绍，供大家参考。

（1）原理图如图 6-30 所示

（2）设备连接图。生成设备连接图时每个设备的连接图生成一张纸，为节省资源将其合并到一张纸上。

1）仪表门的设备连接图如图 6-46 所示。

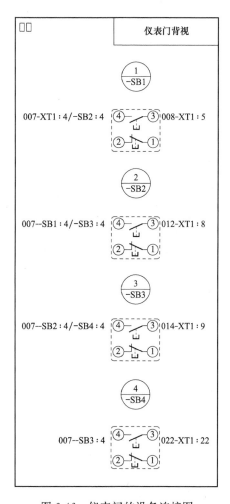

图 6-46　仪表门的设备连接图

2）电器板设备连接图如图 6-47 所示。

3）端子图表如图 6-48 所示。

（3）设备接线表。设备接线表见表 6-1。

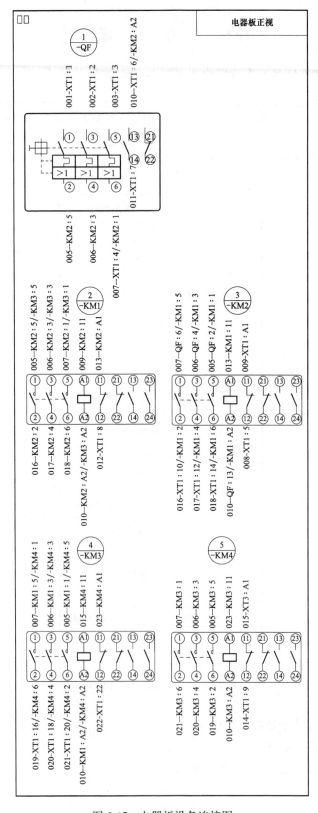

图 6-47　电器板设备连接图

XT1			
	001	1	-QF：1
	002	2	-QF：3
	003	3	-QF：5
-QF：6	007	4	-SB1：4
-KM2：12	008	5	-SB1：3
	010	6	-QF：13
	011	7	-QF：14
-KM1：12	012	8	-SB2：3
-KM4：12	014	9	-SB3：3
	016	10	-KM2：2
		11	
	017	12	-KM2：4
		13	
	018	14	-KM2：6
		15	
	019	16	-KM3：2
		17	
	020	18	-KM3：4
		19	
	021	20	-KM3：6
		21	
-KM3：12	022	22	-SB4：3
	PE	23	

图 6-48 端子图表

表 6-1 设 备 接 线 表

序号	回路线号	起始端号	末端号	序号	回路线号	起始端号	末端号
1	007	-SB1-4	XT1-4	20	019	-KM3-2	XT1-16
2	008	-SB1-3	XT1-5	21	020	-KM3-4	XT1-18
3	012	-SB2-3	XT1-8	22	021	-KM3-6	XT1-20
4	014	-SB3-3	XT1-9	23	022	-KM3-12	XT1-22
5	022	-SB4-3	XT1-22	24	014	-KM4-12	XT1-9
6	007	-SB1-4	-SB2-4	25	005	-QF-2	-KM2-5
7	007	-SB2-4	-SB3-4	26	006	-QF-4	-KM2-3
8	007	-SB3-4	-SB4-4	27	007	-QF-6	-KM2-1
9	001	-QF-1	XT1-1	28	010	-QF-13	-KM2-A2
10	002	-QE-3	XT1-2	29	005	-KM1-1	-KM2-5
11	003	-QF-5	XT1-3	30	006	-KM1-3	-KM2-3
12	007	-QF-6	XTI-4	31	007	-KM1-5	-KM2-1
13	010	-QF-13	XT1-6	32	009	-KM1-A1	-KM2-11
14	011	-QF-14	XT1-7	33	010	-KM1-A2	-KM2-A2
15	012	-KM1-12	XT1-8	34	013	-KM1-11	-KM2-A1
16	008	-KM2-12	XT1-5	35	016	-KM1-2	-KM2-2
17	016	-KM2-2	XT1-10	36	017	-KM1-4	-KM2-4
18	017	-KM2-4	XT1-12	37	018	-KM1-6	-KM2-6
19	018	-KM2-6	XT1-14	38	005	-KM1-1	-KM3-5

序号	回路线号	起始端号	末端号	序号	回路线号	起始端号	末端号
39	006	-KM1-3	-KM3-3	45	010	-KM3-42	-KM4-A2
40	007	-KM1-5	-KM3-1	46	015	-KM3-A1	KM4 11
41	010	-KM1-A2	-KM3-A2	47	019	-KM3-2	-KM4-6
42	005	-KM3-5	-KM4-5	48	020	-KM3-4	-KM4-4
43	006	-KM3-3	-KM4-3	49	021	-KM3-6	-KM4-2
44	007	-KM3-1	-KM4-1	50	023	-KM3-11	-KM4-A1

（4）电气设备列表。电气设备列表见表 6-2。

表 6-2　　　　　　　　　　　**电 气 设 备 列 表**

序号	代号	元件名称	型号	规格	数量
1	-KM	交流接触器	SIE. 3RT1024-1BB44	AC3800V，辅助 2 开 2 闭；线圈电压 AC380V	1
2	-KM2	交流接触器	SIE. 3RT1024-1BB44	AC3800V，辅助 2 开 2 闭；线圈电压 AC380V	1
3	-KM3	交流接触器	SIE. 3RT1024-1BB44	AC3800V，辅助 2 开 2 闭；线圈电压 AC380V	1
4	-KM4	交流接触器	SIE. 3RT1024-1BB44	AC3800V，辅助 2 开 2 闭；线圈电压 AC380V	1
5	-QF	电机保护开关	SIE. 3RV1011-1CA15	AC3800V，辅助 1 开 1 闭	1
6	-SB1	按钮	SIE. 3SB3201-0AA11	黑色	1
7	-SB2	按钮	SIE. 3SB3244-6AA70	蓝色	1
8	-SB3	按钮	SIE. 3SB3201-0AA11	黑色	1
9	-SB4	按钮	SIE. 3SB3244-6AA70	蓝色	1
10	-M1	马达	SIE. 1LA7070-4AB10-ZA11	0.25kW	1
11	-M2	马达	SIE. 1LA7070-4AB10-ZA11	0.25kW	1
12	X1	端子排	PXC. 3044131	1-25 端子	1

项目 7　星-三角形降压起动控制电路的电气图与 3D 箱柜设计

 项目概述

项目 4～项目 6 中设计原理图时，主电路和控制电路设计在一张纸上。项目 7 中主电路和控制电路分开设计在两张图纸上，其原理图的连接点用"中断点"表示，本项目中主要学习中断点的表示法。

指导性学习计划

学时	2
方法	(1) 利用多媒体方式进行学习。 (2) 在电脑上完成设计。 (3) 讲解和演示相结合讲述电气图的绘制方法。 使用者用 Eplan 软件完成电气图绘制，3D 箱柜的设计，3D 箱柜布线
重点	电气控制原理图的绘制，各种报表的生成，3D 箱柜设计，3D 箱柜布线
难点	3D 箱柜设计
目标	掌握电气图的绘制，报表的生成，3D 箱柜的设计，3D 箱柜布线

星-三角形降压起动控制电路具有使用范围广、成本少、能耗低等优点。在启动电动机时将定子绕组接成星形，每相绕组承受的电压为电源的相电压（220V），减小了启动电流对电网的影响。而在其启动后期则按预先整定的时间换接成三角形接法，每相绕组承受的电压为电源的线电压（380V），电动机进入正常运行。凡是正常运行时定子绕组接成三角形的三相鼠笼式异步电动机，均可采用这种降压起动线路。

任务 7.1　电气图设计

1. 准备工作

（1）关闭不需要的工具箱。选择合适的电气图软件，本项目中考虑到 3D 箱柜的设计问题选择了"Eplan P8"软件。运行软件后，合理布置软件绘图界面。运行软件时随软件打开的工具箱很多，导致绘图区变得杂乱而小，因此先将暂时不需要的工具箱关闭。

（2）打开需要的导航器和工具箱。打开"图形浏览器""项目管理器""部件数据导航器""视图工具箱""连接符号工具箱""标准工具箱"，如图 7-1 所示。

2. 新建项目

通过"项目"下拉菜单中单击"新建"可以建立新项目，项目名称为"星-三角形降压起动"，保存位置选择为 E 盘，模板选择为"IEC _ tpl001.ept"，设置创建日期前打钩，单击"确定"按钮，如图 7-2 所示。

图 7-1 绘制原理图需要的导航器和工具箱

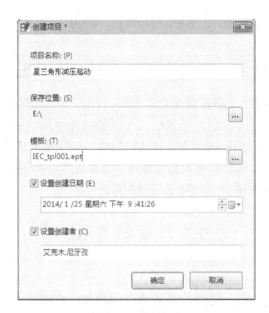

图 7-2 新建项目

3. 设计原理图

（1）设计主电路。项目 4～项目 6 中原理图的主电路和控制电路设计在一张纸上。本项目的主电路和控制电路分别设计在两张纸上，主要学习"中断点"的使用方法。项目中的设备多，电路图内容多而复杂，使"中断点"表示法频繁使用。按下面的程序设计电路，细节问题可以参考项目 4～项目 6 的设计过程。

选择项目管理器中的项目名称为"星-三角形降压起动"，单击右键，下拉菜单中选择"新建"，完整页名对话框中"高层代号"处输入"Sch"，位置代号处输入"P1"后确定，页描述输入为"主电路"。页属性对话框如图 7-3 所示。

图 7-3 主电路页属性对话框

设置"黑盒子"并插入四个设备连接点，连接点的文字符号分别输入为"L1，L2，L3，PE"。为控制整个电路的电源，电动机的过载保护可以插入"电动机保护开关"，文字符号输入"QF"，型号选择为"SIE. 3RV1021-1JA15"→插入电动机并文字符号输入为"M"，型号选择为"SIE. 1LA7070-4AB10-ZA11"→插入三个交流接触器并文字符号输入为"KM，KM1，KM2"，交流接触器的型号插入线圈时选择。→用符号连接工具连接设备的导线→"中断点"表示主电路和控制电路的连接点。

(2) 设计控制电路。选择项目管理器中的项目名称"星-三角形降压起动"，单击右键，下拉菜单中单击"新建"按钮，完整页名对话框中"高层代号"处输入"Sch"，位置代号处输入"P1"后确定，页描述输入"控制电路"，如图 7-4 所示。

"中断点"表示主电路和控制电路的连接点→插入 SB1，SB2 两个按钮，型号分别选择为"SIE. 3SB3201-0AA21（红色）和 SIE. 3SB3201-0AA11（黑色）→插入三个交流接触器的线圈，文字符号分别为"KM，KM1，KM2"，型号为"SIE. 3RT1024-1BB44-3MA0"→插入时间继电器的线圈，文字符号为"KT"，型号为"MOE.031882"。

图 7-4 控制电路的页属性

（3）设计端子排并插入端子。打开端子排导航器→端子排导航器中选择"星-三角形降压起动"并单击右键，下拉菜单中选择"新建端子（设备），生成端子（设备）对话框中输入如图所示信息后单击"确定"按钮，如图 7-5 所示。

图 7-5 端子排属性

选择端子排，在主电路的电源端以及电动机的连接点上插入端子；选择控制电路，在按钮和开关的触点两端插入端子。

（4）对电路中的导线进行编号。

1）定义连接点。选择"项目数据"下拉菜单中"连接"→编号→放置→选择连接定义点类型，如图 7-6 所示。

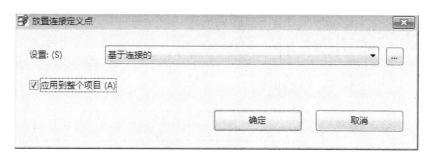

图 7-6　连接定义点类型

2）命名连接点。选择"项目数据"下拉菜单中"连接"→编号→命名→单击"确定"按钮，如图 7-7 所示。

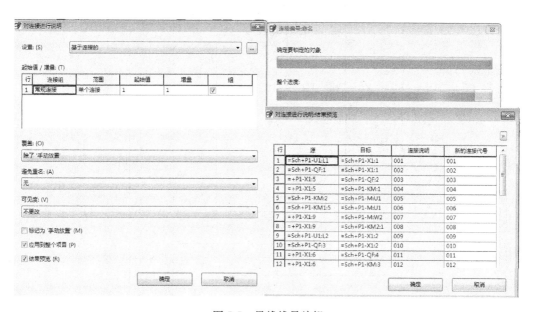

图 7-7　导线线号编辑

按以上方法绘制的主电路，如图 7-8 所示。

控制电路如图 7-9 所示。

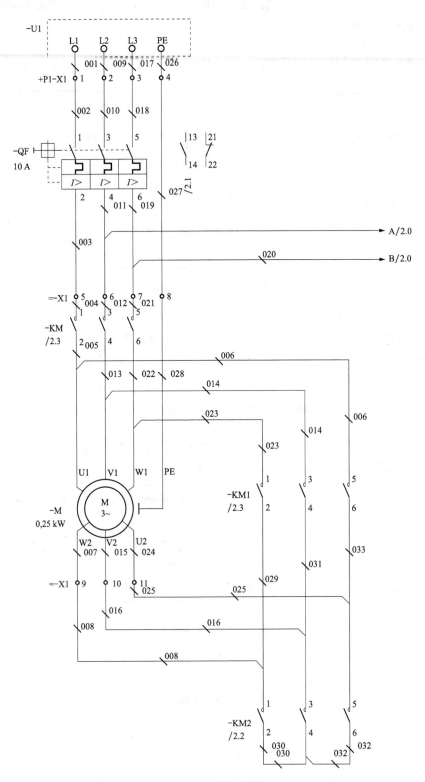

图 7-8　主电路

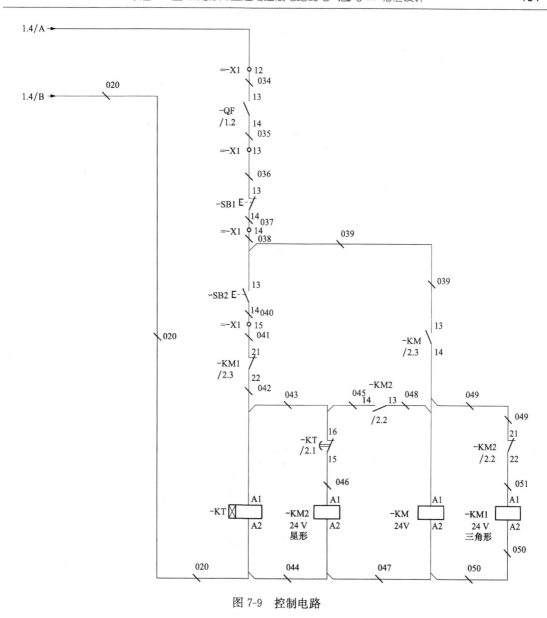

图 7-9 控制电路

任务 7.2 3D 箱柜设计

1. 准备工作

更改工作区域→打开"3D 安装布局导航器"→打开"空间布局导航器"→打开"图形浏览器"→打开"3D 视角工具箱"→打开"Pro Penel 布线工具箱",如图 7-10 所示。

2. 新建布置空间

在"布置空间"导航器的空白处单击右键→下拉菜单中单击"新建"→"属性(元件)布置"对话框中的名称处输入"1"或单击"结构标识符"输入高层代号和位置代号→描述输入"箱柜"→单击"确定"。

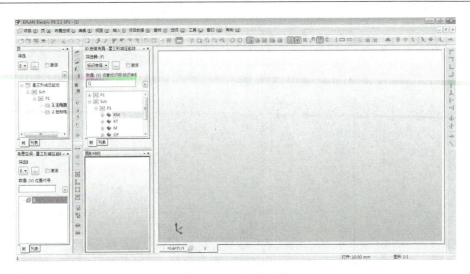

图 7-10　3D工作区域

3. 插入 3D 箱柜

"插入"下拉菜单中点"箱柜"→"部件选择"对话框中选择合适的"箱柜",单击"确定"按钮,如图 7-11 所示。

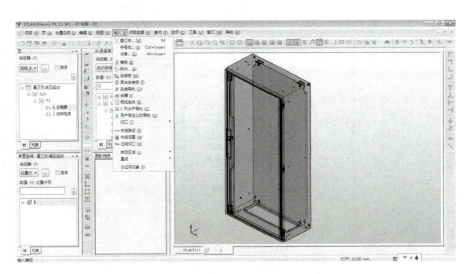

图 7-11　3D箱柜图

4. 安装板布置设备

布置空间导航器中单击"1"前的加号→单击"S1:箱柜"前的加号→选择"S1:安装板"单击右键→下拉菜单中单击"转到(图形)"→"3D 视角工具箱"中单击"前视图",如图 7-12 所示。

5. 安装线槽

"插入"菜单中选择"线槽"→"选择部件"对话框中选择合适的线槽→单击"确定"按钮→线槽安装在"安装板"上,如图 7-13 所示。

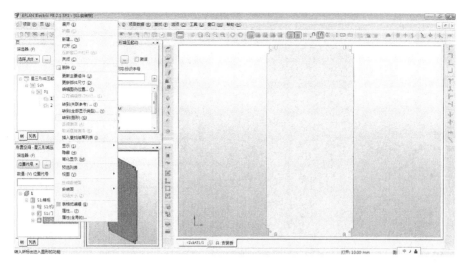

图 7-12　安装板前视图

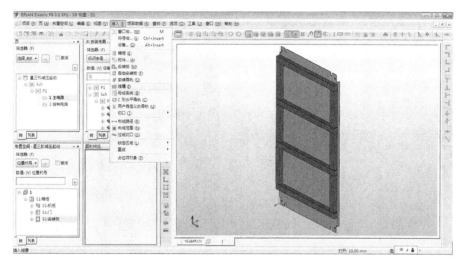

图 7-13　安装线槽图

6. 安装导轨

"插入"菜单中选择"安装导轨"→"选择部件"对话框中选择合适的导轨→单击"确定"按钮→导轨安装在"安装板"上，如图 7-14 所示。

7. 安装设备

3D 布局导航器中的端子排设备拖到下方的导轨上→电动机保护开关拖到上方的导轨上→三个交流接触器拖到中间的导轨上→时间继电器拖到中间的导轨上，如图 7-15 所示。

注意安装板上的线槽、导轨和设备布置不一定都是图上所示位置，根据设备数量、箱柜尺寸而定。电动机保护开关和端子排可以布置在一个导轨上，交流接触器和时间继电器可以布置在一个导轨上。

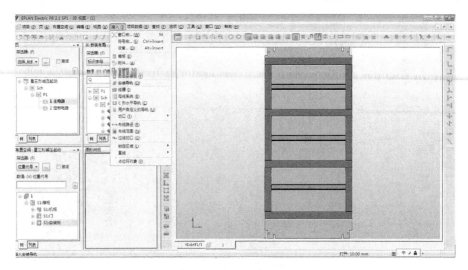

图 7-14　安装导轨图

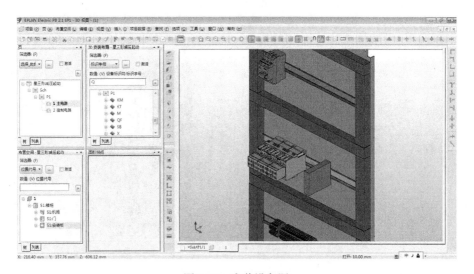

图 7-15　安装设备图

8. 门上安装按钮

布局空间导航器中单击"1"前的加号→单击"S1：箱柜"前的加号→选择"S1：门"单击右键→下拉菜单中单击"转换（图形）"→安装两个"按钮"→用"Pro Penel 布线工具箱"中的"布线路径"工具设置布线路径，如图 7-16 所示。

9. 打通门和安装板之间的连接

同时显示"门"和"安装板"。"门"已是显示状态，所以再显示暗转板即可。布置空间导航器中选择"安装板"→下拉菜单中点"显示"→点"选择"，如图 7-17 所示。

用"工具箱"中的"布线路径"工具，将门上的布线路径的尾端连接在安装板上导轨的中间。

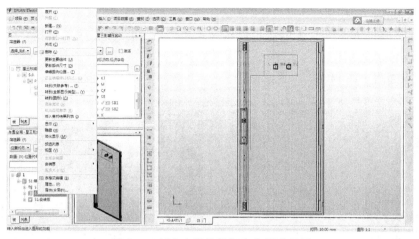

图 7-16 门上安装的按钮和布线路径图

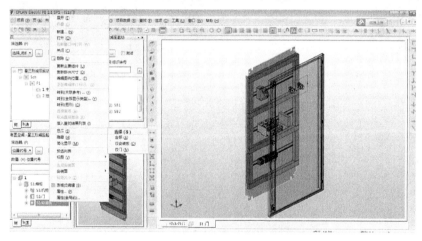

图 7-17 安装板之间的连接图

10. 修改导线截面积和颜色

修改导线截面积和颜色，如图 7-18 所示。

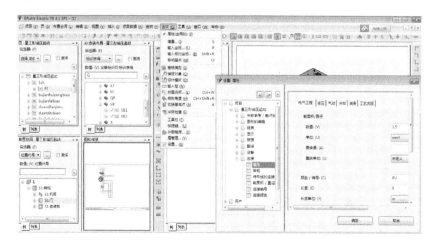

图 7-18 修改导线的粗细和颜色

11. Pro Panel 布线

选择"门"和"安装板"上的所示设备→单击"Pro Panel 布线工具箱"中的"布线"，如图 7-19 所示。

布线效果如图 7-20 所示。

图 7-19　3D箱柜布线图

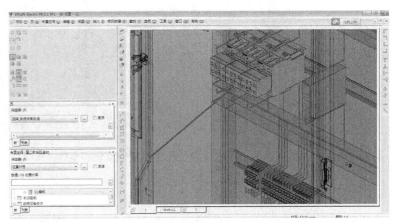

图 7-20　布线效果图

项目 8 顺序起动逆序停止控制电路的电气图及 3D 箱柜设计

项目概述

在项目 4～项目 7 中详细地讲解了电气图及 3D 箱柜的设计。为尽量减少重复内容，本项目的内容中只提供结果图。讲述设计步骤时，用图形形式显示设计过程部分可以参考项目 4～项目 7 的内容。

指导性学习计划

学时	4
方法	（1）利用多媒体方式进行学习。 （2）在电脑上完成设计。 （3）讲解和演示相结合讲述电气图的绘制方法。 使用者用 Eplan 软件完成电气图绘制，3D 箱柜的设计，3D 箱柜布线
重点	电气控制原理图的绘制，各种报表的生成，3D 箱柜设计，3D 箱柜布线
难点	3D 箱柜设计
目标	掌握电气图的绘制，报表的生成，3D 箱柜的设计，3D 箱柜布线

任务 8.1 设计电气图

1. 设计前的准备工作

打开"项目管理器、部件主数据导航器、图形浏览器"，打开"标准工具箱、视图工具箱、连接符号工具箱"。

2. 新建项目

项目名称为"顺序起动"，模板选择为"IEC_tpl001.ept"。

3. 设计主电路

项目管理器中新建"原理图页"，高层代号为 Sch，位置代号为 P1，页描述为"主电路"→绘制带四个设备连接端子的黑盒子作为电路的电源，4 个端子的文字符号分别改为"L1，L2，L3，PE"→绘制电路的总开关，文字符号为"QS"，型号为"SIE.3LD2 514-0TK53"→绘制三个电动机保护开关，分别控制三台电动机短路、过载等保护，三个电动机保护开关的文字符号分别为"QF1，QF2，QF3"，型号为"SIE.3RV1021-1JA15"→绘制三个交流接触器的主触点，文字符号分别为"KM1，KM2，KM3"→绘制三个电动机，文字符号分别为"M1，M2，M3"，型号为"SIE.1LA7070-4AB10-ZA11"→主电路和控制电路的连接线用中断线表示，文字代号为 A，B，端子排部分设计和控制电路一起设计。

4. 设计控制电路

项目管理器中新建"原理图页"，高层代号为 Sch，位置代号为"P1"，页描述为"控制

电路"→第一个电动机的起动按钮的文字符号为"SB12",型号为"SIE.3SB3201-0AA11
(黑色)",停止按钮的文字符号为 SB11,型号为"SIE.3SB3201-0AA21(红色)"→第二个
电动机的起动按钮的文字符号为"SB22",型号为"SIE.3SB3201-0AA11(黑色)",停止按
钮的文字符号为 SB21,型号为"SIE.3SB3201-0AA21(红色)"→第三个电动机的起动按钮
的文字符号为"SB32",型号为"SIE.3SB3201-0AA11(黑色)",停止按钮的文字符号为
SB31,型号为"SIE.3SB3201-0AA21(红色)"→绘制交流接触器的线圈后选择型号为
"SIE.3RT1024-1BB44-3MA0"→插入其他动合、动断辅助触点后分别与线圈相匹配。控制
电路和主电路的连接线用"中断线"表示,文字符号分别为 A,B。

5. 设计端子排

主电路的电源开关、三个电动机保护开关上插入端子,端子排的文字编号为"X1",型
号为"PXC.3044131"。

6. 编辑线号

放置连接点符号,连接点符号命名为线号。以上方法绘制的主电路和控制电路图,如
图 8-1、图 8-2 所示。

使用按钮注意事项:

一个按钮包括常闭、常开两个触点。按钮的符号一般常开触点是父元件,常闭触点是子
元件,所以使用常闭按钮时,必须把其常开触点保留在画图区,否则按钮的常闭触点会以其
他常开触点为父元件而自常开并作为它的子元件。本项目中使用 S11,S21,S31 三个按钮使
用了常开触点(没有用常闭触点),有父元件,不存在上述问题。S12,S22,S32 三个按钮
使用了常闭触点(没有用常开触点),没有父元件,如果不保留这些常闭按钮的常开触点,
六个按钮将会合并变为三个按钮,因此绘图时要特别注意这一点。

任务 8.2　生成各种报表

各种报表中,设备列表、设备连接表、端子图标、设备连接图、连接列表等是在电气控制
电路的设计、安装、调试、处理故障当中常用的报表,设计人员必须掌握这些报表的生成方
法。报表的生成简单、快速,但是输出的报表适合在电脑上浏览,不太适合插入到书稿中,因
为这些报表插入到书稿中就看不清楚了。项目 1 和项目 2 中插入的报表,都是用图形处理软件
处理过的。所以本项目中省略了报表,报表的生成过程可以参考项目 1,2 的内容。

任务 8.3　设计箱柜

(1) 设计前的准备工作。更改"工作区域",打开"布置空间"导航器,"图形浏览器"。
"3D 视角工具箱""Pro Panel 工具箱"。

(2) 新建"布置空间"。

(3) 布置空间中插入"箱柜"。

(4) 显示"安装板",安装板上布置"线槽、导轨"。

(5) 设备(端子排、开关、交流接触器)安装在导轨上。

(6) 显示"门",按钮安装在"门"上。

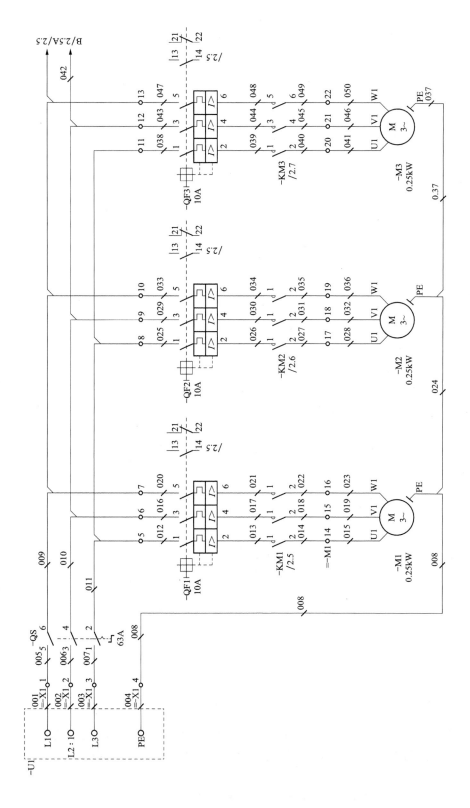

图8-1　主电路图

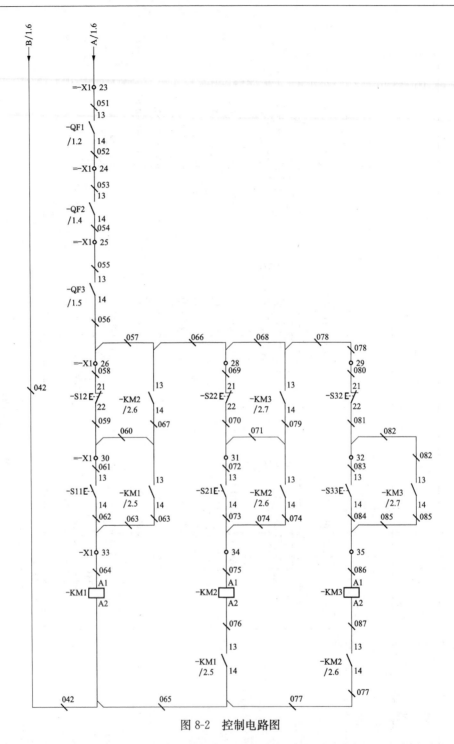

图 8-2　控制电路图

（7）用"Pro Panel 工具箱"中的布线路径工具在门上的按钮周围设置布线路径。

（8）同时显示"门"和"安装板"。用布线路径工具把门上的导线的路径连接在安装板上的线槽内。

（9）用"Pro Panel 工具箱"中的布线工具布线，结果如图 8-3 所示。

3D 箱柜布线图的端子排的左边出现一个方盒，这个方盒应该是转换开关。出现方盒子的原因是没有引入转换开关的 3D 宏。布线效果图上可看到有几根"飞线"，这是没有按正常路径的走线。可能是由以下几个原因造成：

（1）门和安装板子之间的路径不畅通。

（2）按钮的端子连接可能有问题，按钮的 3D 宏上没有设置端子。

（3）端子排一个端子上接了两个以上线，原则上一个端子上最多连两根线。以上几个问题留待下一个项目当中解决。

下面提供一个多地控制一台三相异步电动机的原理图及 3D 机柜图如图 8-4 和图 8-5 所示。大家可用 Eplan P8 软件从头到尾做一遍，自己检验电气图和 3D 机柜设计学习情况。如图 8-6～图 8-9 所示。

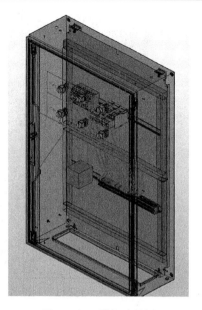

图 8-3　3D 箱柜布线图

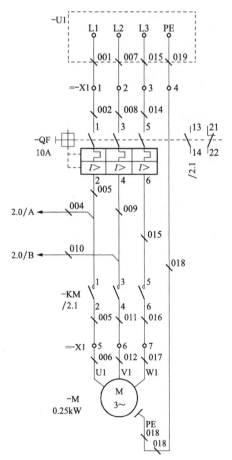

图 8-4　多地控制一台三相
异步电动机的主电路

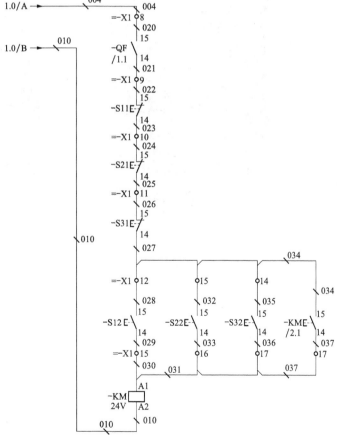

图 8-5　多地控制一台三相异步
电动机的控制电路

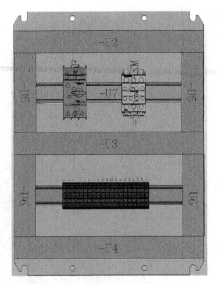

图 8-6　安装板上的设备安装图

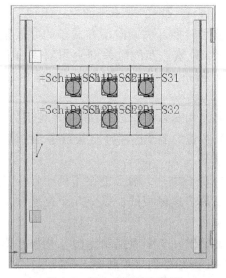

图 8-7　门上按钮的安装图

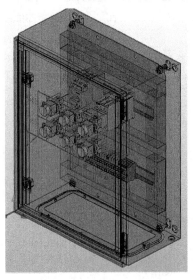

图 8-8　多地控制一台三相
异步电动机的 3D 机柜图

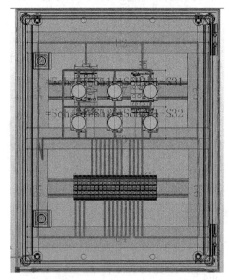

图 8-9　多地控制一台三相异步
电动机的 3D 机柜图前视图

项目 9 制作 3D 宏及完善部件的 3D 信息

项目概述

在上述 3D 箱柜中可以看到，直接使用库中的部件布置在安装板上，在使用 "Pro Panel 布线" 时，有时绘制的设备会呈现一个 "方盒子" 状，出现该现象是指 3D 尺寸标注成功，但 3D 宏没有导入；有时绘制的设备会出现飞线，出现该现象是其连接点存在问题等。解决以上问题还需对制造的 3D 宏进行部件的 3D 信息完善。下面以交流接触器为例详细介绍 3D 宏的制作过程，供使用者学习参考。

指导性学习计划

学时	4
方法	（1）利用多媒体方式进行学习。 （2）在电脑上完成设计。 （3）讲解和演示相结合讲述电气图的绘制方法。 使用者用 Eplan 软件完成电气图绘制，3D 箱柜的设计，3D 箱柜布线
重点	交流接触器、热继电器、塑壳断路器的 3D 宏的制作
难点	3D 箱柜设计
目标	掌握部件的 3D 宏制作，并完善部件的 3D 宏

任务 9.1 交流接触器 3D 宏的制作

1. 制作 3D 宏前的准备

（1）安装 "EPLAN Electric P8" 和 "Eplan Pro panel" 或安装独立运行的 "Eplan Pro panel"。

（2）准备 3D 模型文件。网上可以下载交流接触器的 3D 模型文件，注意扩展名必须是 "Stp"。

（3）了解交流接触器的结构，连接点位置。

本实例中使用的交流接触器为 "西门子" 的 3RT 系列，有一个线圈，3 个主触点，2 对常开辅助触点，2 对常闭辅助触点。内部的触点和端子编号如图 9-1 所示（本图只供参考，触点数量和端子编号根据使用者选择的交流接触器为主）。交流接触器的触点、线圈及连接点如图 9-1 所示。

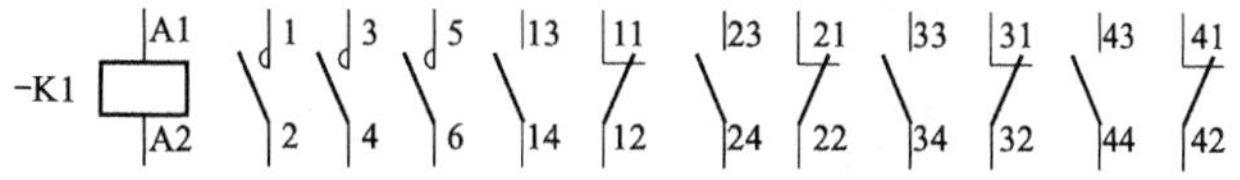

图 9-1 交流接触器的触点、线圈及连接点

2. 运行软件

双击桌面上的快捷图标 "EPLAN Electric P8" 可以运行软件。第一次运行软件时自动加载原件库、工具等内容，速度较慢，耐心等待。

3. 建立宏项目

选择"项目"→"新建"→项目名称处输入"交流接触器的 3D 宏"→单击"确定"→项目属性对话框中选择"宏项目"→单击"确定"按钮，如图 9-2 所示。

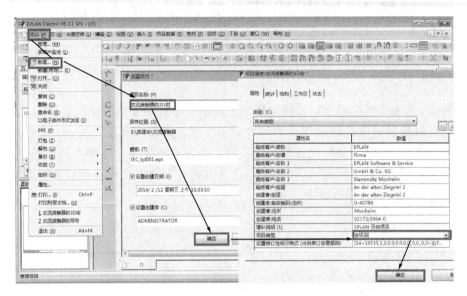

图 9-2　建立宏项目

4. 导入"3D 模型文件"

选择"布置空间"→"导入（3D 图形）"→选择已准备好的 3D 模型数据文件→"打开"按钮，如图 9-3 所示。

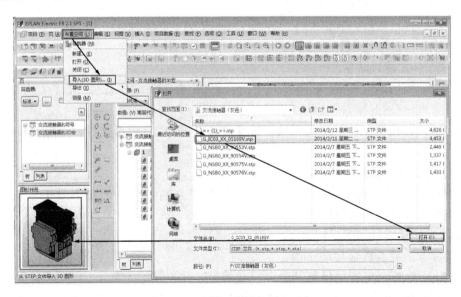

图 9-3　3D 模型文件的导入过程

5. 合并逻辑组件

导入（3D 图形），如果布置空间中出现多个逻辑组件必须合并，否则布置到 3D 箱柜内时出错，如图 9-4 所示。

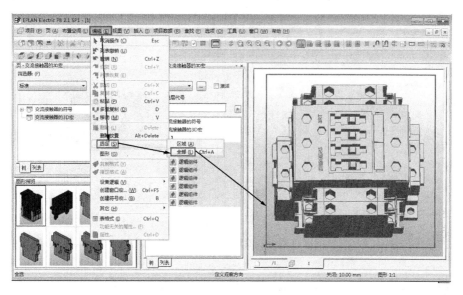

图 9-4 选中多个逻辑组件

选中所有的"逻辑组件"→"编辑"→"图形"→"组合"→单击"回车键"。合并操作是否成功，通过查看布置空间中的多个"逻辑组件"是否变成一个"逻辑组件"，如果没有组合成一个"逻辑组件"，则需重复以上个操作，直至完合合并，如图 9-5 所示。

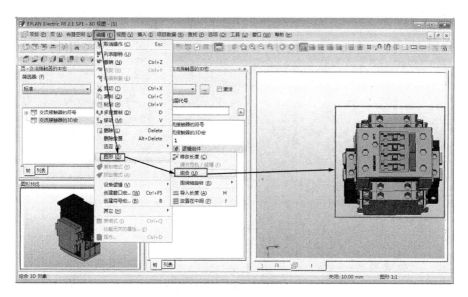

图 9-5 多个逻辑组件合并

6. 定义"构建面"

"构建面"是设备贴在安装板的面。选择"编辑"→"设备逻辑"→"构建面"→"定义"。用 3D 视角工具箱中的"上视图"工具，检查安装面是否正确，如图 9-6 所示。

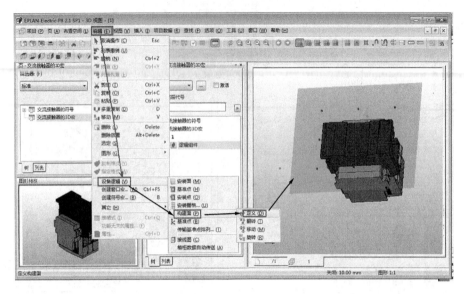

图 9-6　定义安装面

如果安装面不正确，应使用"翻转、旋转"等工具调整到如图 9-7 所示的画面。

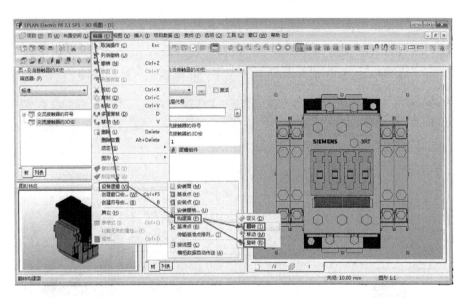

图 9-7　交流接触器的上视图

7. 定义"设备连接点"

选择"编辑"→"设备逻辑"→"接线图"→插入线圈的连接点"A1，A2"，如图 9-8 所示。

使用同样的方法定义其他连接点，用"3D 视角工具箱"中的上视图工具观察连接点的位置。如果连接点悬空不在设备上，打开"对象捕捉"后重新定义到满意位置，如图 9-9 所示。

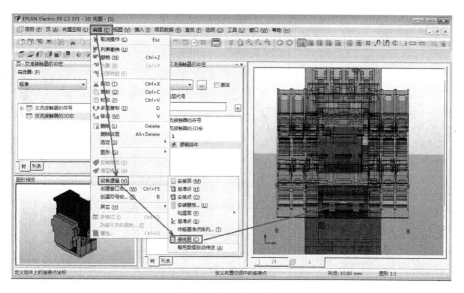

图 9-8　线圈的连接点

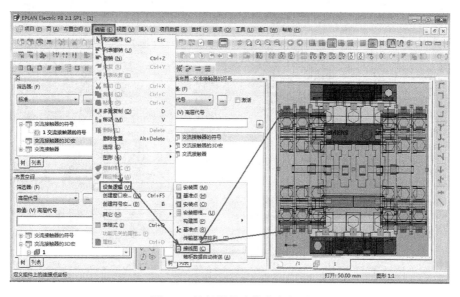

图 9-9　接触器的连接点定义图

8. 定义 3D 宏属性

布置空间中选择"交流接触器的 3D 宏"→单击"右键"→下拉菜单中选择"属性"→输入"宏名称、宏变量"→单击"确定"按钮，如图 9-10 所示。

9. 生成 3D 宏

布置空间中选择"交流接触器的 3D 宏"→"工具"→"生成宏"→选择"否"按钮，如图 9-11 所示。

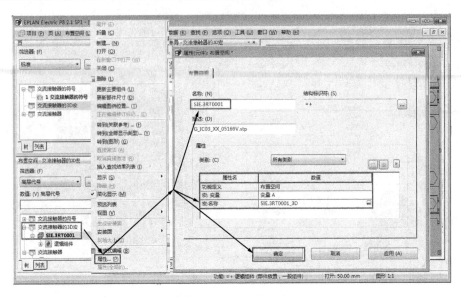

图 9-10 定义 3D 宏属性

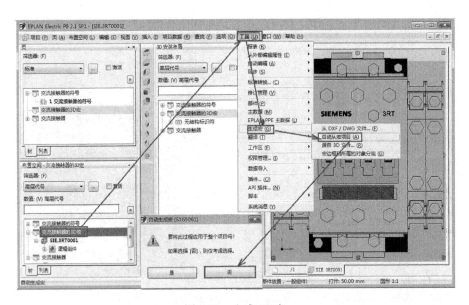

图 9-11 生成 3D 宏

任务 9.2 热继电器的 3D 宏制作

1. 了解热继电器结构

热继电器主电路中共有 3 个热元件，一个带复位常闭触点，一个带复位常开触点，如图 9-12 所示。

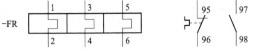

-FR

图 9-12 热继电器的热元件、触点及连接点

2. 新建宏项目

（1）项目名称为"热继电器的 3D

宏",项目类型改为"宏项目"。

(2) 导入"热继电器的 3D 模型",选定全部逻辑部件,合并逻辑部件。

(3) 定义"构建面",翻转设备。

(4) 定义连接点,如图 9-13 所示。

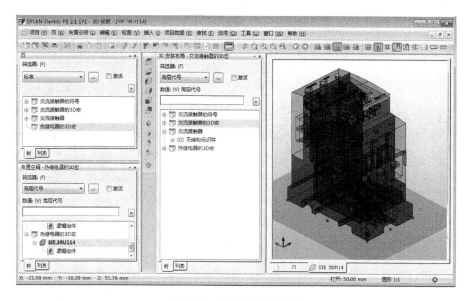

图 9-13 热继电器的 3D 宏

3. 定义 3D 宏属性和变量

定义 3D 宏属性和变量,如图 9-14 所示。

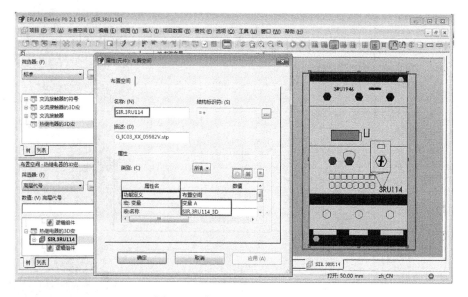

图 9-14 定义 3D 宏属性和变量

以上方法完成了下列设备的 3D 宏,并在部件管理中建立了原理图符号,见表 9-1。

表 9-1 自建 3D 宏列表

序号	名称和 3D 宏	原理图符号	图　形
1	交流接触器（灰色）SIE. 3RT0001 _ 3D. ema		
2	电机保护开关（灰色）SIE. 3RV10 _ 3D. ema		
3	转换开关（灰色）SIE. 3P _ GR _ 3D. ema		
4	转换开关（红色）SIE. 3P _ RD _ 3D. ema		
5	3 极断路器（灰色）SIE. 5SY-GR _ 3D. ema		
6	塑壳断路器（黑色）SIE. 3VA2 _ 3D. ema		

序号	名称和 3D 宏	原理图符号	图 形
7	单极断路器（灰色） SIE. 5ST-1P _ 3D. ema	-QF 6A　1　2	
8	单极熔断器（黑色） SIE. FU-1P _ 3D. ema	-FU 6A　1　2	
9	3 极熔断器（灰色） SIE. FU0001 _ 3D. ema	-FU1 6A　1 2　3 4　5 6	
10	热继电器（灰色） SIE. 3RU114 _ 3D. ema	-FR 230V　1 3 5　2 4 6　95 97　95 98	
11	24V 直流继电器 SIE. 3RS18 _ 3D. ema	-KA DC 24V　A1 A2　13 23 33　14 24 34	
12	三菱 FX1s 系列 PL- CFX1s-14MR _ 3D. ema	PLC IS/06　L N PE COM X0 X1 X2 X3 MITSUBISHI FX1s-14MR 24+ 24- COM0 Y0 COM1 Y1 COM2 Y2 Y3	

续表

序号	名称和 3D 宏	原理图符号	图 形
13	西门子 S7-200 PLCSIE. S7-200PLC _ 3D. ema		
14	交流接触器 SIE. 3RT0002 _ 3D. ema		

制作以上表格中设备的 3D 宏过程中，因为没有三菱 PLC 的 3D 模型文件，所以采用西门子 PLC 的 3D 模型，去掉了两边的端子盖和上面的铭牌后，再定义连接点。

任务 9.3 完善部件的 3D 宏信息

任务 9.1 中制作部分设备的 3D 宏，这些 3D 宏与部件的原理图符号相匹配时，才能正常使用。

项目 6 中 3D 箱柜中绘制时出现了飞线，下面来解决飞线问题。当缺少 3D 部件库时，可以新建 3D 部件库，3D 宏就是一个存放着部件 3D 的信息库。把元件放在箱柜内布线时，发现飞线，双击有飞线的元件，查看连接点信息，从连接点排列样式选项卡中，可以看到红色圆圈中间有横杠，说明连接点存在错误。可以点"部件"选项卡，查看错误信息。

还有一个要说明的问题，在连接点排列样式相关的部件技术数据里面，也有个连接点排列样式，但是信息为空，表明这个元件不带连接点排列样式数据，并且在系统接线时也找不到接线点，出现这个问题，实际上还是与部件库的建立与完善有关。

下面以塑壳断路器为例，从新建部件库开始，逐步完善 3D 数据，布线数据，钻孔数据，然后布置在箱柜内查看连接是否成功。以后出现这样问题通过新建部件库、修改接线信息来解决。

1. 建立部件数据

塑壳断路器在部件库内没有 3D 数据，所以先下载塑壳断路器的 3D 模型数据，其扩展名为"stp"。EPLAN Electric P8 不具备 3D 建模功能，所以 3D 数据从外部导入，新建一个塑壳断路器的部件。

打开"工具"菜单中"部件"管理器，填写需要的信息，若不知道填写哪些信息，可以打开一个类似的部件信息后修改，若想新建断路器，可在部件库中找断路器的部件，然后复制信息。

选择"电气工程"→"部件"→单击"安全设备"前的加号→单击"未定义"前的加号→选择"SIE. SIE. 5SX2102-8 [微型（小型）断路器]"→单击右键复制→单击右键粘贴。选择复制后的 SIE. 5SX2102-8 _ 1 [微型（小型）断路器] 修改相关信息，如图 9-15 所示。

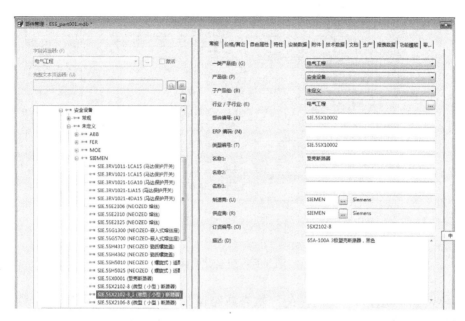

图 9-15　建立塑壳断路器的部件

删除"特性选项卡中的所有信息→安装数据选项卡中"宽、高、深分别改成 100、150、50"删除"图形宏"信息→技术数据中"标识字母"改为"Q"→"功能模版"选项卡中的连接点代号改为"1¶2¶3¶4¶5¶6"→修改零部件数据后单击"确定"→"布置空间"导航器中新建一个空间→插入"箱柜"→选择"安装板"→单击右键→下拉菜单中选择"转换（图形）"→3D 视角工具箱中点"前视图"→"插入"下拉菜单中选择"设备"→"设备管理器"中选择刚才新建的设备布置在安装板上观察效果，如图 9-16 所示。

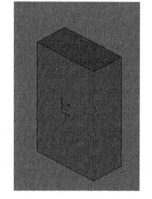

图 9-16　没有宏的 3D 模型

可以看到是一个"方盒子"，因为没有 3D 宏，所以不符合断路器的外观，但 3D 部件是可以用。

2. 建立 3D 宏

3D 宏是存放 3D 模型数据的仓库，建立 3D 宏先建立 3D 宏项目，然后生成"宏"，再修改部件的 3D 图形宏信息。

（1）"项目"菜单中单击"新建"→输入项目名称为"塑壳断路器"，选择存放位置、模版等信息后单击"确定"按钮，出现"项目属性"对话框，将最后一行"项目类型"改成"宏项目"如图 9-17 所示，单击"确定"按钮。

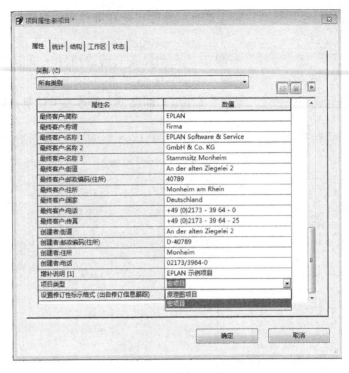

图 9-17　建立宏项目

　　（2）导入 3D（图形）。在新建的"塑壳断路器"项目中导入"3D 模型"数据。选择"布置空间"下拉菜单中"导入 3D（图形）"，选择已下载准备好的 3D 模型数据，如图 9-18 所示。

图 9-18　导入 3D 模型

　　如果选择文件正确可以看到导入过程。布置空间导航器中可以看到"塑壳断路器"下方多了一个 1 和多了两个"逻辑组件"，如图 9-19 所示。

选中"1"下的 2 个"逻辑组件"后双击，在操作区域可以看到塑壳断路器的 3D 模型，如图 9-20 所示。

布置空间导航器中可以看到塑壳断路器有两个逻辑组件，要合并为一个，否则 3D 布局时会出错。

（3）定义"安装面"。"编辑"菜单中选择"设备逻辑"→"构建面"→"定义"后选择"安装面"，如图 9-21 所示。

单击"3D 视角"工具箱中的"上视图"工具安装面和安装方向是否正确，如有问题进行修改。在本例中看到的是模型背面，所以要翻转模型，如图 9-22 所示。

（4）插入"基准点"和"安装点"，如图 9-23 所示。

图 9-19　已导入的 3D 宏

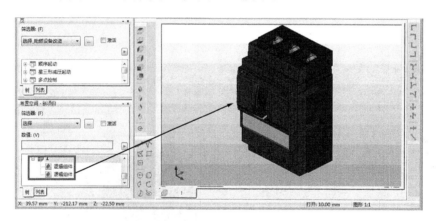

图 9-20　塑壳断路器的 3D 模型

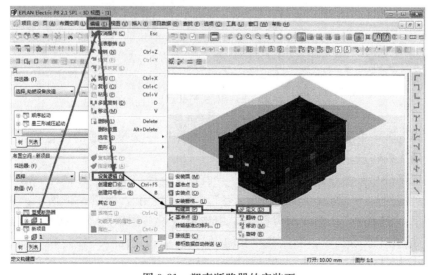

图 9-21　塑壳断路器的安装面

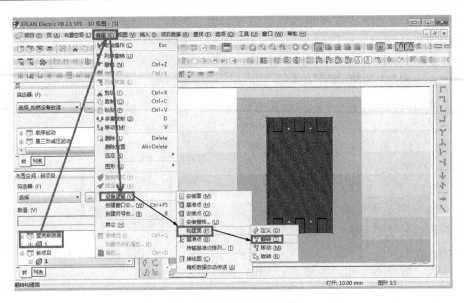

图 9-22　翻转塑壳断路器

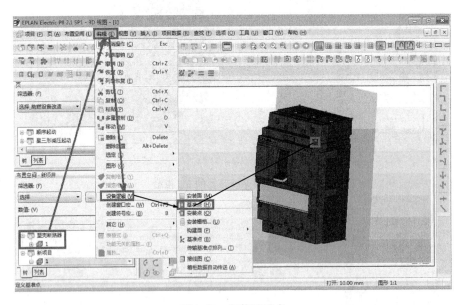

图 9-23　安装基准点

在"编辑"菜单中选择"设备逻辑"→"基准点"→选择合适的位置插入"基准点"。同样的方法插入安装点，如图9-24所示。

（5）编辑部件"属性"。在"布置空间"导航器中选择"塑壳断路器"，单击右键在下拉菜单中选择"属性"→"修改变量值和变量名"中点"应用"，如图9-25所示。

（6）插入"连接点"。在"编辑"菜单中选择"设备逻辑"→"接线图"，在断路器上的3个连接孔上插入"1，3，5"，下的3个连接孔上插入"2，4，6"，如图9-26所示。

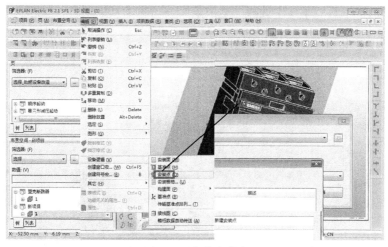

图 9-24　安装安装点

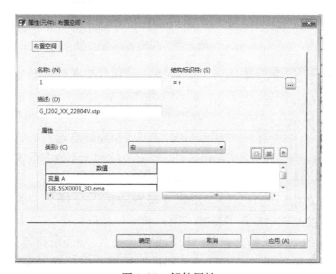

图 9-25　部件属性

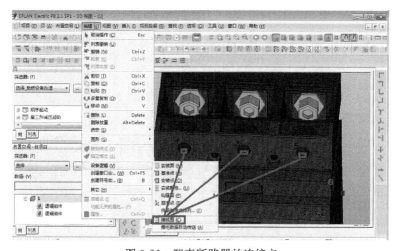

图 9-26　塑壳断路器的连接点

（7）生成宏。"工具"菜单中选择"生成宏"→"自动从宏项目"，如图 9-27 所示。

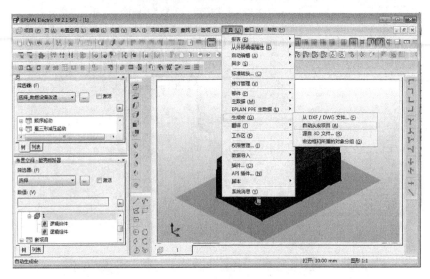

图 9-27　生成宏

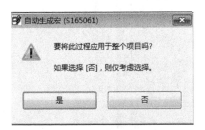

图 9-28　确定宏范围

如果只是一个项目生成宏选择"否"，如图 9-28 所示。

3．修改部件信息

在"工具"菜单中选择"部件"→"管理"→选择"SIE.5SX10002（塑壳断路器）"→选择"安装数据"选项卡→"图形宏"改为上面发布的宏，如图 9-29 所示。

4．观察效果

新建"布置空间"→插入"箱柜"→选择"安装板"→单击右键，下拉菜单中选择"转换（图形）"→"3D 视角"工具箱中点"前视图"→插入菜单中选择"设备"→选择自建的"SIE.5SX10002（塑壳断路器）"→拖到"安装板"上。然后"工具"菜单中选择"部件"→"部件"管理器中选择"SIE.5SX10002（塑壳断路器）"→"属性"对话框中的"安装数据"选项卡中"宽、高、深"改为"0"后再次插入部件，如图 9-30 所示。

图 9-29　修改部件信息

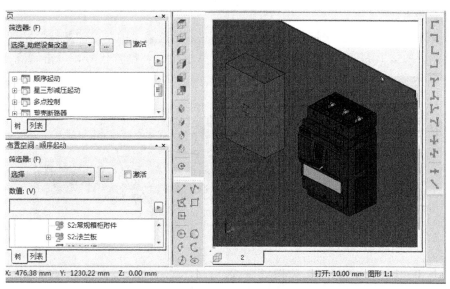

图 9-30　无宏和有宏塑壳断路器

任务 9.4　自己制作的 3D 宏和部件设计一个完整的项目

本任务用以上完成的原理图符号和 3D 宏设计一个完整的项目，来观察所制作的 3D 宏是否能用，连接点信息是否完整。

1. 建立项目

建立项目，项目命名为"三菱 PLC 控制的正反转控制电路"，项目类型为"原理图项目"，如图 9-31 所示。

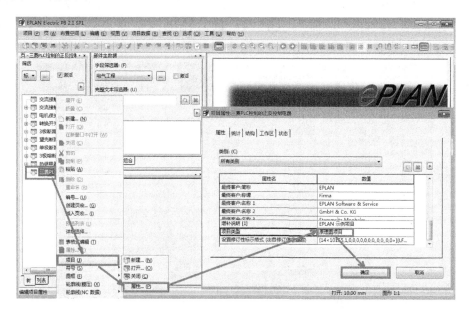

图 9-31　建立新项目

2. 设计电气图

（1）设计电源分配图。选择项目名称单击右键，下拉菜单中单击"新建"按钮，类型为多线原理图，输入页描述为"电源分配"，输入高层代号，位置代号，单击"确定"按钮，如图 9-32 所示。

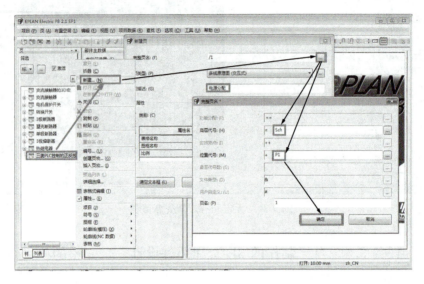

图 9-32　电源分配图的属性

（2）绘制电源分配图。绘制黑盒子作为电源，插入 5 个设备端子，并将设备端子标识符分别输入为"L1，L2，L3，N，PE"；连接到其他电路部分的导线用"中断点"表示，中断标识符为"A，B，C，N，PE"；插入一个 3 极塑壳断路器控制总电源，型号为"SIE.3VA2"，设备标识符为"QF1"；插入一个单极微型断路器，型号为"SIE.5SX2102-8"，设备标识符为"QF2"；插入一个 24V 的直流电源给隔离继电器供电，型号为"PXC.2938581"，设备标识符为"V1"，如图 9-33 所示。

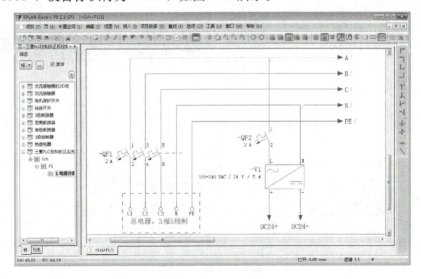

图 9-33　电源分配图

（3）绘制 PLC 控制电路。选择项目管理器中的"电源分配"单击右键，下拉菜单中单击"新建"按钮，类型为多线原理图，输入页描述为"PLC 控制"，输入高层代号、位置代号，单击"确定"按钮。部件库中没有"MITSUBISHI FX1s-20MR（三菱 FX 系列 PLC)"，所以新建一个三菱 PLC。型号为 FX1s-20MR 的引脚排列如下：

上排：L，N，PE，COM，X0，X1，X2，X3，X4，X5，X6，X7，X8，X9，X10，X11 下排：24V＋，24-（COM），COM0，Y0，COM1，Y1，COM2，Y2，Y3，COM3，Y3，Y4，COM4，Y5，Y6，Y7。

部件库中找一个 PLC 的 CPU 信息，复制粘贴后修改信息，如图 9-34 所示。

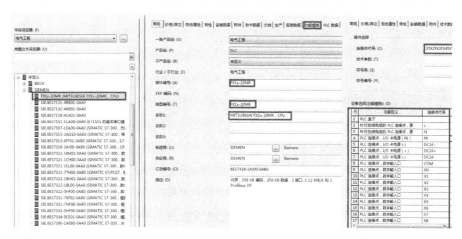

图 9-34　三菱 PLC 部件信息

在"连接点代号信息"处，输入所有引脚信息或输入本人设计所使用的引脚信息。

L ¶ N ¶ PE ¶ COM ¶ X0 ¶ X1 ¶ X2 ¶ X3 ¶ X4 ¶ X5 ¶

DC24＋¶ DC24- ¶ COM0 ¶ Y0 ¶ COM1 ¶ Y1 ¶ COM2 ¶ Y2 ¶ COM3 ¶ Y3

绘制 PLC。打开部件数据导航器，查找"FX1s-20MR"，将符号拖放到绘图区，插入一个单极微型断路器，型号为"SIE.5ST-1P"设备标识符为QF3；插入一个熔断器，型号为"SIE.FU-1P"，设备标识符为"FU2"；插入 3 个按钮，型号为"SIE.3SB3201-0AA21"，设备标识符分别为"SB1，SB2，SB3"；插入 24V 直流继电器的线圈，型号为"SIE.3RS18"，设备标识符分别为"KA1，KA2"；插入一个信号灯，型号为"SIE.3SB3217-6AA20"，设备标识符为"HR"，如图 9-35所示。

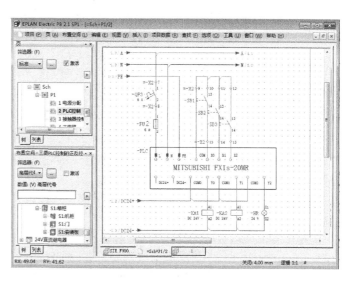

图 9-35　PLC 控制电路

（4）绘制接触器控制电路。选择项目管理器中的"PLC控制"单击右键，下拉菜单中单击"新建"按钮，类型为多线原理图，输入页描述为"接触器控制"，输入高层代号，位置代号，单击"确定"按钮。

插入一个单极微型断路器，设备标识符为 QF4；插入交流接触器的线圈，型号为"SIE.3RT0001"，设备标识符分别为"KM1，KM2"；插入直流继电器的常开触点和接触器的常闭触点，设备标识符改为 KA1，KA2，KM1，KM2 时自动分配到 24V 直流继电器的常开触点和接触器的常闭触点上，如图 9-36 所示。

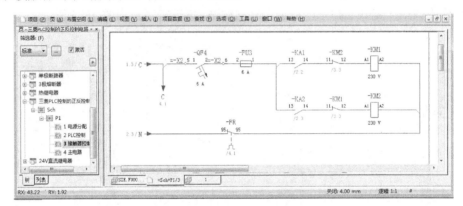

图 9-36　接触器控制电路

（5）绘制主电路。选择项目管理器中的"接触器控制"单击右键，下拉菜单中单击"新建"按钮，类型为多线原理图，输入页描述为"主电路"，输入高层代号，位置代号，单击"确定"按钮。插入一个电机保护开关，型号为"SIE.3RV10"，设备标识符为"QF5"；插入一个 3 极熔断器，型号为"SIE.FU-3P"，设备标识符为"FU1"；插入一个热继电器，型号为"SIE.3RU114"，设备标识符为"FR"；插入交流接触器的常开主触点，设备标识符改为"KM1，KM2"是自动分配到交流接触器的主触点，如图 9-37 所示。

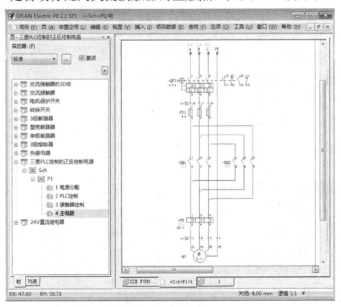

图 9-37　主电路

3. 设计端子排

项目数据菜单中选择"端子排"→"导航器"→选择项目名称"三菱 PLC 控制的正反转控制电路",单击右键→单击"新建端子(设备)"→输入"完整的设备标识符""编号样式"等数据,选择"部件编号"→单击"确定"按钮。端子插入到电路中,如图 9-38 主电路所示。

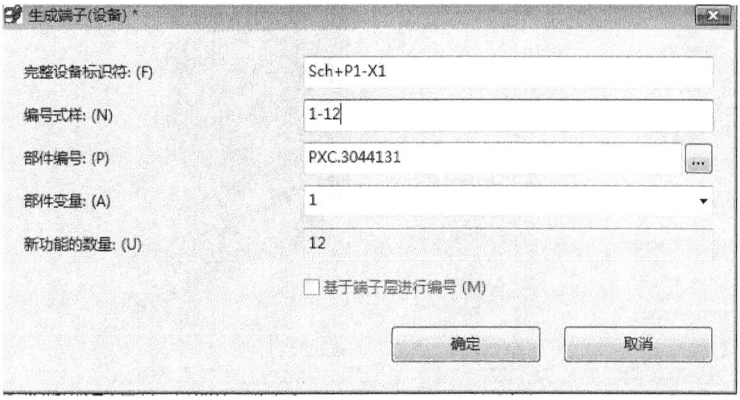

图 9-38　端子排属性

4. 编辑线号

选择"项目数据"→"连接"→"编号"→"放置"→选择"基于连接的"→单击"确定"按钮。

选择"项目数据"→"连接"→"编号"→"命名"→单击"确定"按钮。

任务 9.5　3D 箱柜设计

1. 安装板上的设备的安装

(1)"视图"→"工作区域"→配置选择"Pro Panel"→单击"确定"按钮;打开"3D 视角"和"Pro Panel 布线"工具箱。

(2) 打开"空间布置"导航器→选择空间布置导航器中的"三菱 PLC 控制的正反转控制电路"→单击右键→输入空间名称→单击"确定"按钮。

(3) 选择"插入"→"箱柜"→选择箱柜尺寸→箱柜拖放到工作区的合适的位置。

空间布置中选择"箱柜"→选择安装版单击右键→转到"图形"→单击"3D 视角"工具箱中的"前视图"工具。

(4) 选择"插入"→"线槽"→选择合适的线槽尺寸→安装在板子上。

(5) 选择"插入"→"安装导轨"→选择合适的导轨尺寸→安装在板子上。

"3D 安装布局"导航器中设备拖到安装板上的导轨上,如图 9-39 所示。

2. 按钮、信号灯安装在门上

(1) 选择"布置空间"中的"门"→单击右键→转到(图形)→单击"3D 视角"工具箱中的"前视图"工具。

(2) 按钮和信号灯拖放到门上。

(3) 用"Pro Panel 布线"工具箱中的布线路径工具设置布线路径,如图 9-40 所示。

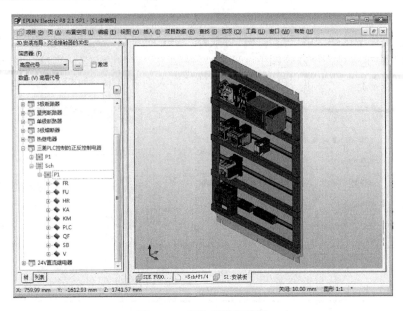

图 9-39　安装板的安装图

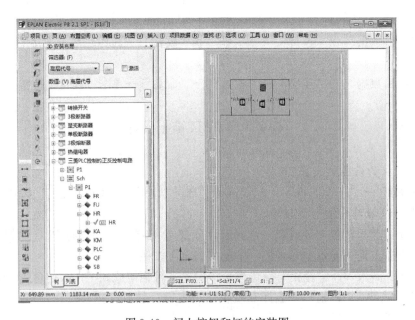

图 9-40　门上按钮和灯的安装图

　　同时显示"门"和安装板,用"Pro Panel 布线"工具箱中的布线路径工具,把门上的布线路径连接在安装板上的线槽内,如图 9-41 所示。

　　显示箱柜,选中箱柜中所有设备,单击"Pro Panel 布线"工具布线,观察布线效果,如图 9-42～图 9-44 所示。

　　从布线效果看,各设备 3D 宏和连线方式都没有问题。本实例中设备都是在使用者建立的部件 3D 宏基础上制作的,插入设备的型号和 3D 宏在部件库中没有,设备布置和现场的布置不一定相同,主要是验证使用者制作的部件和 3D 宏的完整性,供使用者参考。

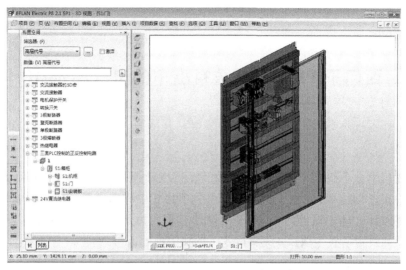

图 9-41 同时显示"门"和安装板

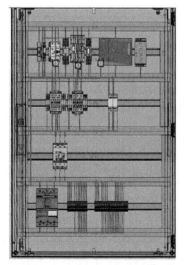

图 9-42 3D 箱柜的前视图

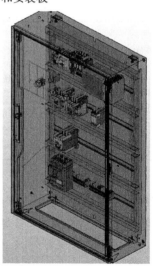

图 9-43 3D 箱柜布线图

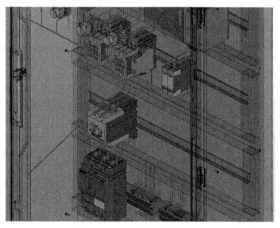

图 9-44 3D 布局效果观察图

项目 10　西门子 PLC 控制送料小车的电气图及 3D 箱柜设计

　项目概述

通过本项目学会小型 PLC 控制电路的电气图及 3D 箱柜布线设计。本项目中使用 PLC 的是项目 9 中自己创建 3D 宏的 PLC。项目 4～项目 8 中详细讲授了电气控制电路的原理图设计、材料表设计、端子排设计、3D 机柜设计过程。为避免重复，项目 10 只讲授设计步骤，详细的设计过程请参考项目 4～项目 8 中的相关内容。

指导性学习计划

学时	4
方法	（1）利用多媒体方式进行学习。 （2）在电脑上完成设计。 （3）讲解和演示相结合讲述电气图的绘制方法。 使用者用 Eplan 软件完成电气图绘制，3D 箱柜的设计，3D 箱柜布线
重点	电气控制原理图的绘制，各种报表的生成，3D 箱柜设计，3D 箱柜布线
难点	3D 箱柜设计
目标	掌握电气图的绘制，报表的生成，3D 箱柜的设计，3D 箱柜布线

项目任务：电动机拖动送料小车，电动机正转对应小车前进，电动机反转对应小车后退。

项目设计要求：送料小车要实现自动循环。第一次按动送料按钮，预先装满料的小车前进送料，达到卸载处 B（前限位开关 SQ2 处）自动停下来卸料，经过卸料所需设定时间 30s 延时后，小车则自动返回到装料处 A，（后限位开关 SQ1 处）经过装料所需设定值 45s 延时后，小车再次前进送料，卸完料小车又自动返回到装料，如此自动往返循环。

图 10-1　送料小车

三相异步电动机的正反转控制实现项目任务，PLC 输出端采用 24V 的直流继电器做隔离，利用直流继电器控制交流接触器，送料小车的示意图如图 10-1 所示。

任务 10.1　原 理 图 设 计

1. 设计电路图

（1）建立项目，项目名称为"送料车"，项目类型为"原理图项目"。

（2）建立原理图。设计过程可以参考其他项目的设计。

1）电源分配。

电源分配图如图 10-2 所示。

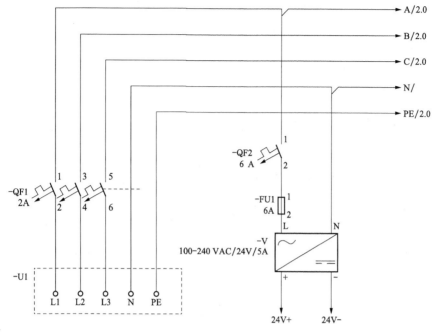

图 10-2　电源分配图

2）主电路。

主电路如图 10-3 所示。

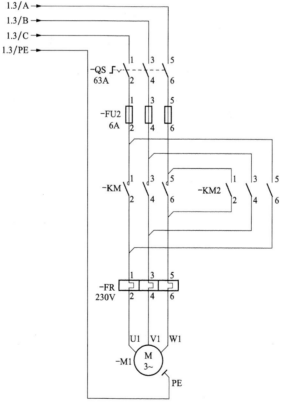

图 10-3　主电路图

3）PLC 控制电路。

PLC 控制电路如图 10-4 所示。

4）接触器控制电路。

接触器控制电路如图 10-5 所示。

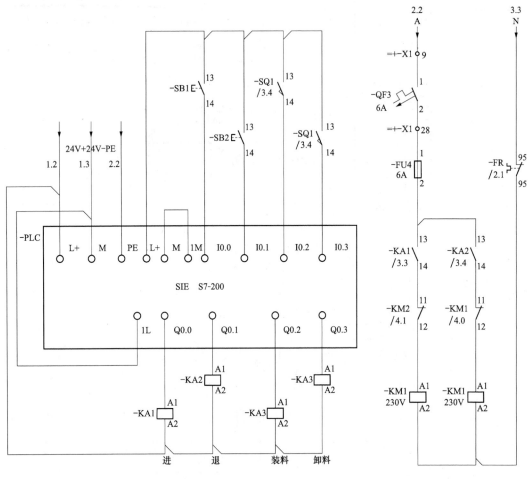

图 10-4　PLC 控制电路　　　　　　　　图 10-5　接触器控制电路

2. 设计端子排

3. 编辑线号

（1）放置连接符号。

（2）线号编辑。

4. 报表输出

任务 10.2　3D 箱 柜 设 计

1. 设置 3D 布局环境

2. 打开 3D 视角和 Pro Panel 布线工具

3. 插入 3D 箱柜

4. 选择安装板，安装线槽，安装导轨，布置设备
5. 选择门，安装按钮，设置布线路径
6. 同时显示门和安装板，门上的布线路径连接在安装板
7. Pro Panel 布线
8. 观察各种效果（见图 10-6～图 10-8）

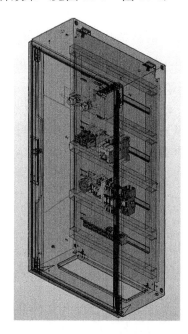

图 10-6　3D 箱柜图

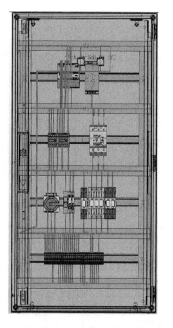

图 10-7　3D 箱柜前视图

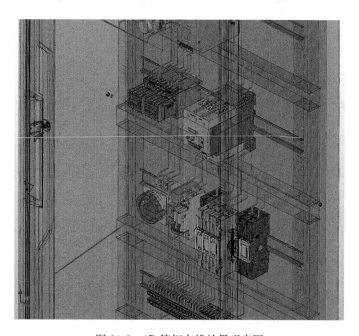

图 10-8　3D 箱柜布线效果观察图

项目 11　三菱 PLC 控制 3 台电动机的电气图及 3D 箱柜设计

项目概述

通过本项目学习电气图的多页设计，多页之间连接用中断点的表示方法。学会 PLC 控制电路的电气图、端子排设计、线号编辑及 3D 箱柜布线设计。

电气控制电路原理图由主电路、控制电路、辅助电路等组成，以上几个部分在实际设备上是通过导线连接在一起的。当绘制原理图内容不多时，主电路和控制电路可以绘制在一张纸上。如果内容多，绘制在一张纸上，打印成册不方便，往往分开绘制。各张图纸上的电路连接线可以用"中断线"表示，中断线是有方向，有坐标，有编号的。

指导性学习计划

学时	4
方法	(1) 利用多媒体方式进行学习。 (2) 在电脑上完成设计。 (3) 讲解和演示相结合讲述电气图的绘制方法。 使用者用 Eplan 软件完成电气图绘制，3D 箱柜的设计，3D 箱柜布线
重点	电气控制原理图的绘制，各种报表的生成，3D 箱柜设计，3D 箱柜布线
难点	3D 箱柜设计
目标	掌握电气图的绘制，报表的生成，3D 箱柜的设计，3D 箱柜布线

任务 11.1　电气图设计

(1) 设计电源分配电路，如图 11-1 所示。

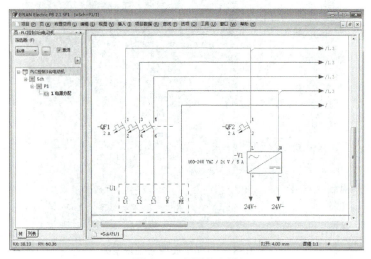

图 11-1　电源分配图

（2）设计 PLC 控制电路，如图 11-2 所示。

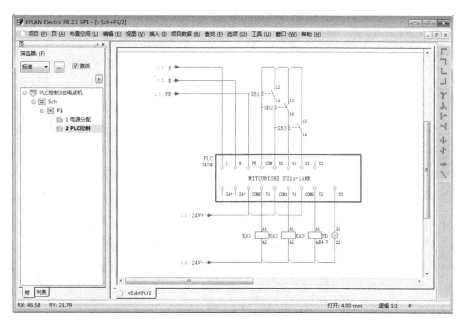

图 11-2　PLC 控制电路

（3）设计接触器控制电路，如图 11-3 所示。

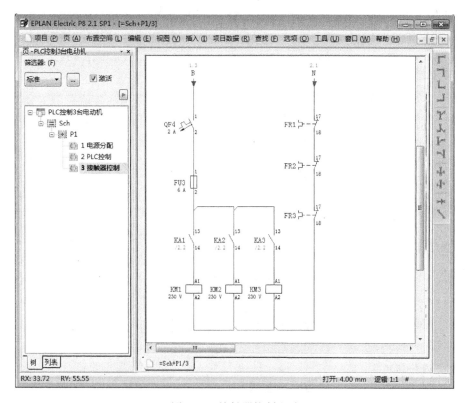

图 11-3　接触器控制电路

（4）设计主电路，如图 11-4 所示。

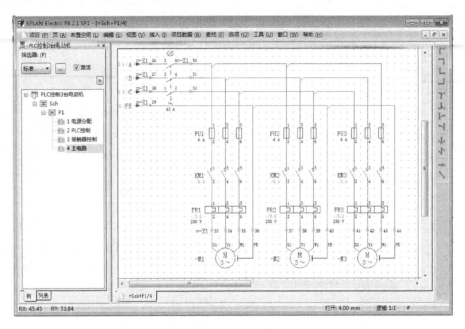

图 11-4　主电路

（5）设计端子排并插入端子，如图 11-5 所示。

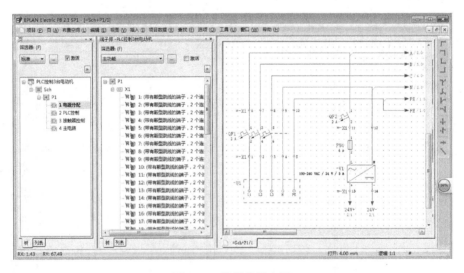

图 11-5　端子排插入图

任务 11.2　3D 箱 柜 设 计

1. 更改设计环境

（1）更改工作区，打开布置空间导航器。

（2）打开 3D 视角工具箱，打开 Pro Panel 布线工具箱。

（3）新建布置空间，插入箱柜，如图 11-6 所示。

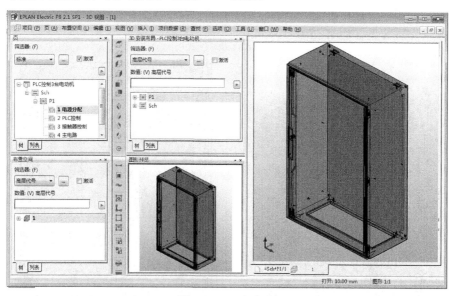

图 11-6   3D 机柜图

2. 安装安装板上设备

（1）选择安装板，转到图形，转到前视图。

（2）安装线槽，安装导轨。

（3）设备拖放到安装板上，如图 10-7 所示。

3. 安装门上设备

（1）按钮，灯拖放到门板上。

（2）设置路径，如图 11-8 所示。

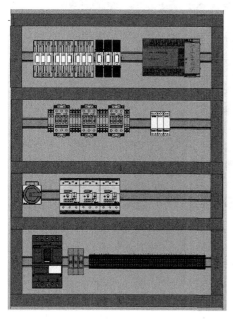

图 11-7   安装板上的设备图

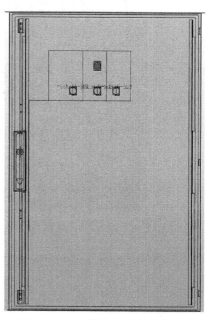

图 11-8   门上的按钮和布线路径图

（3）同时显示门和安装板，门上的导线连接在安装板上的线槽内。

（4）显示箱柜，全选箱柜上的设备，用 Pro Panel 布线工具布线。

（5）观察布线效果，如图 11-9～图 11-11 所示。

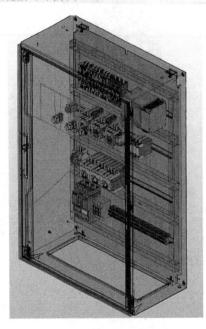

图 11-9　箱柜安装布线图

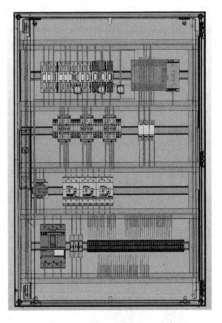

图 11-10　箱柜安装布线前视图

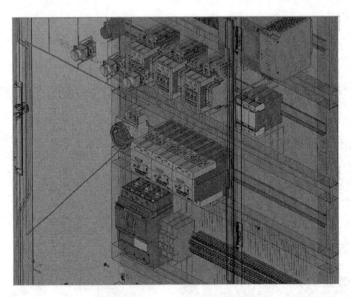

图 11-11　箱柜安装布线效果图

项目 12　利用使用者创建的符号设计电气图及 3D 箱柜

 项目概述

电气控制新技术及新产品的更新日新月异，而电气设计软件的元件库中很多新型产品的电气符号都没有，因此在绘制电气原理图、设计 3D 箱柜将比较困难。本项目利用 Eplan 软件就电气元件库中没有的三菱、西门子、欧姆龙 PLC 的 CPU 型号制作做一些研究。

通过本项目学习制作电气元件符号，用使用者制作的符号完成电气图的绘制和 3D 箱柜布线设计。

指导性学习计划

学时	4
方法	（1）利用多媒体方式进行学习。 （2）在电脑上完成设计。 （3）讲解和演示相结合讲述电气图的绘制方法。 使用者用 Eplan 软件完成电气图绘制，3D 箱柜的设计，3D 箱柜布线
重点	电气控制原理图的绘制，各种报表的生成，3D 箱柜设计，3D 箱柜布线
难点	3D 箱柜设计
目标	掌握电气符号的制作，电气图的绘制，报表的生成，3D 箱柜的设计，3D 箱柜布线

任务 12.1　原理图符号制作

1. 新建符号库

打开 Eplan P8，新建一个名为"新建符号"的项目，然后选择菜单"工具"→"主数据"→"符号库"→"新建"，如图 12-1 所示。

新建一个名为"HEKIM_symbol"的符号库并保存，如图 12-2 所示。

在符号库属性画面，将基本符号库选为"好 HEKIM_symbol"，如图 12-3 所示。

2. 新建符号。

选择菜单"工具"→"主数据"→"符号"→"新建"，如图 12-4 所示。

目标变量选择"变量 A"，然后单击"确定"按钮，如图 12-5 所示。

在符号属性画面，命名符号名，选择功能定义，连接点；由于本例是创建一个三菱 PLC符号，符号名定为"FX1s-20MR"，功能定义选择"PLC 连接点，可变"，连接点为"20"，单击"确定"按钮。符号显示类别（编码的）多线，如图 12-6 所示。

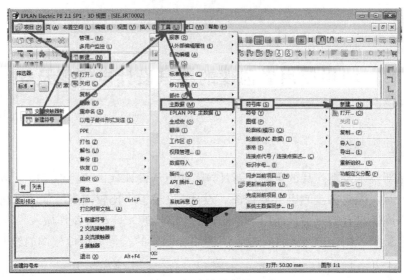

图 12-1　新建符号库的过程

图 12-2　新建符号库名称

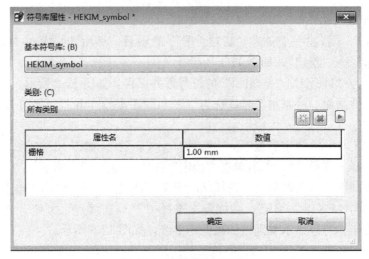

图 12-3　新建符号库属性

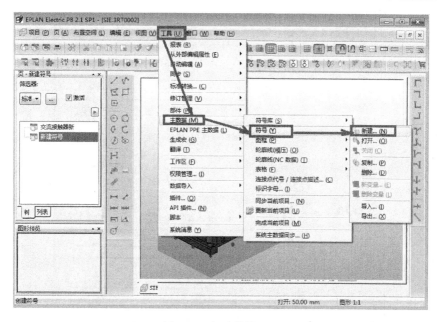

图 12-4　新建符号过程

3. 创建新的 PLC 符号

由于符号库里已经有其他 PLC 符号，可以在新建符号页面插入已有的 PLC 符号，对其进行修改。在创建符号时，栅格尽量选择 C，以免在后续的电气图绘制时插入该符号而不能自动连线。

用图形工具箱中的长方形工具绘制符号的外框，插入"连接点上"10 个连接点，绘制一个小圆圈分别复制到连接上，如图 12-7 所示。

同样的方法绘制欧姆龙 PLC "OMRUN

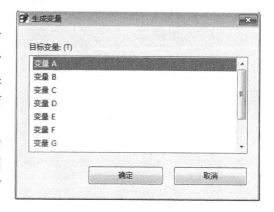

图 12-5　目标变量

CPM1A-A-1V"和西门子 PLC "SIE. S7-200"的原理图符号，如图 12-8、图 12-9 所示。

4. 加载使用者的符号库

在菜单"选项"→"设置"→"项目"→"新项目"→"管理"→"符号库"右侧的符号库表格中增加"HEKIM_symbol"符号库，如图 12-10 所示。

在菜单"项目"→"关闭"，再次打开"新项目"，在这过程中会出现更新主数据的提示，选择"是"，如图 12-11 所示。

5. 新建部件

在菜单"插入"→"符号"，可以看到刚才新建的 PLC 符号，浏览自制符号原理图，如图 12-12 所示。

新建一个"FX1s-20MR"的部件，完善其原理图符号、3D 宏等信息，如图 12-13 所示。

复制一个 PLC 的部件，名称改为"FX1s-20MR"，选择"安装数据"选项卡，添加项目 3 中制作的三菱 PLC 的 3D 宏，如图 12-14 所示。

图 12-6　新建符号属性

图 12-7　新建的三菱 PLC 符号

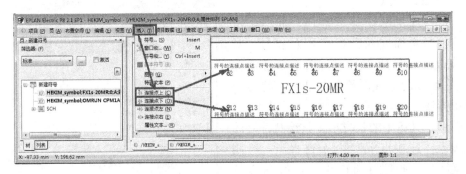

图 12-8　欧姆龙 PLC 符号

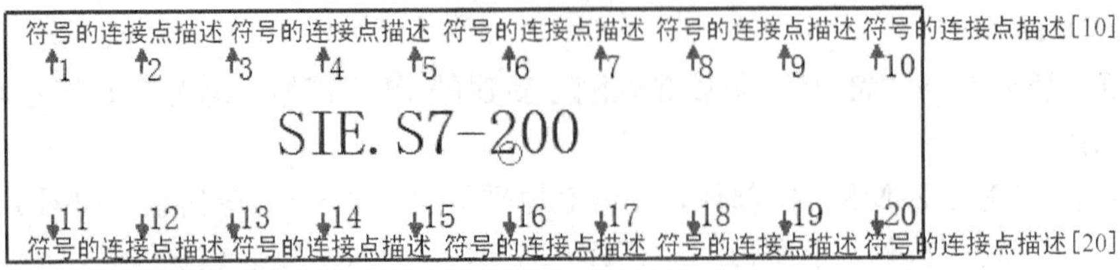

图 12-9　西门 PLC 符号

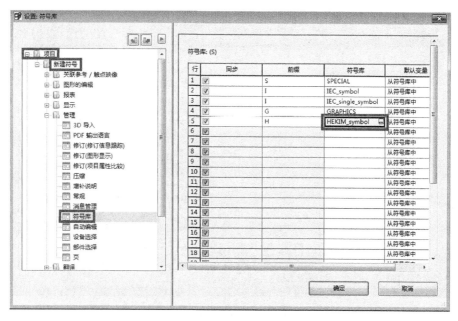

图 12-10 加载使用者的符号库

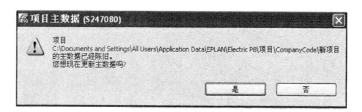

图 12-11 更新符号库

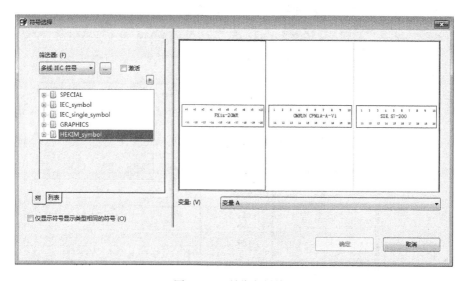

图 12-12 浏览自制符号

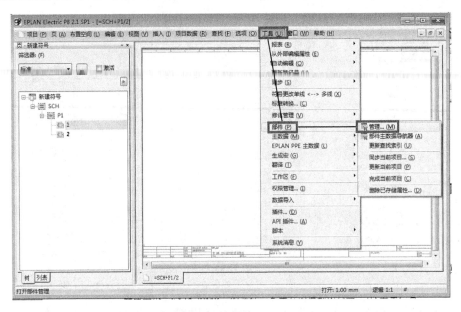

图 12-13　新建部件过程

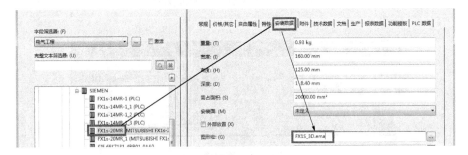

图 12-14　新建部件上添加 3D 宏

选择"功能模板"选项卡，添加端子信息，如图 12-15 所示。

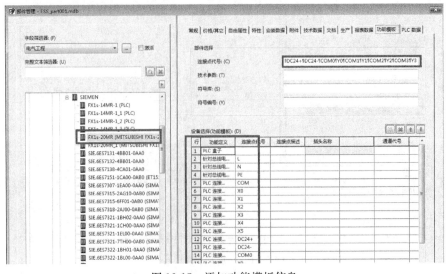

图 12-15　添加功能模板信息

任务 12.2   使 用 自 制 符 号

下面 PLC 控制电路为例,用使用者制作的符号设计一个完整的项目,看看使用者制作的符号是否能用。

1. 设计电气图

(1) 绘制电源分配电路,如图 12-16 所示。

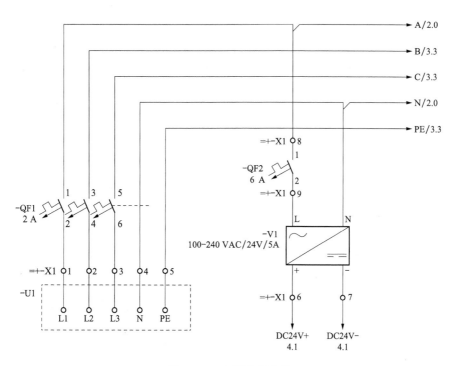

图 12-16   电源分配电路

(2) 绘制接触器控制电路,如图 12-17 所示。

(3) 绘制 PLC 控制电路,如图 12-18 所示。

(4) 绘制主电路,如图 12-19 所示。

(5) 设计端子排。端子排的设计和插入可以参考其他项目中的端子排的设计方法。

2. 3D 箱柜设计

为减少重复的内容,这里省略设计过程,这部分内容可以参考其他项目中的 3D 箱柜设计部分,3D 箱柜图如图 12-20、图 12-21 所示。

电气符号的设计包括两种方法。一种是设计通用符号,另一种是设计需要的接线端子符号,忽略不需要的端子。从以上设计过程看,新设计的 PLC 符号可用,如果本项目中设计的符号和其他参考资料中的符号有不同之处,请根据使用者的需要调整设计方案。

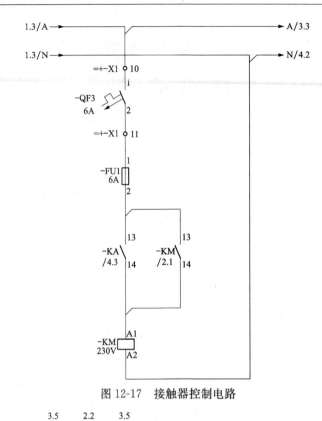

图 12-17　接触器控制电路

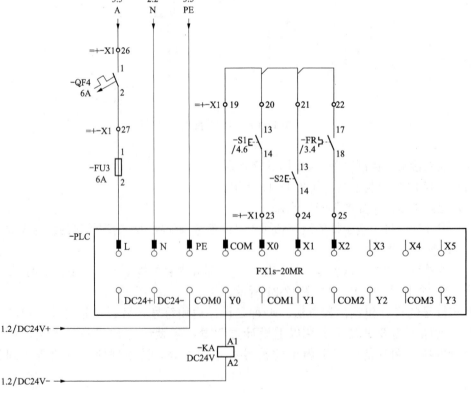

图 12-18　PLC 控制电路

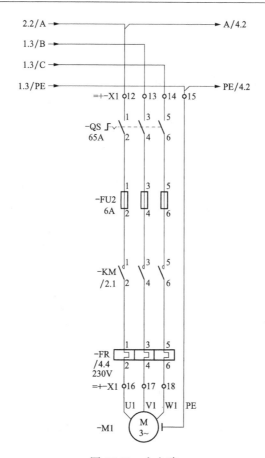

图 12-19　主电路

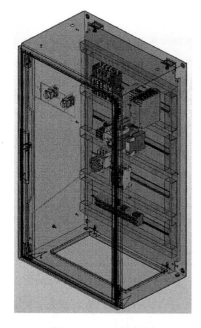

图 12-20　3D 箱柜图

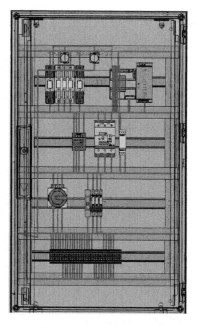

图 12-21　3D 箱柜前视图

项目 13   PLC 控制的水泵的电气图及 3D 箱柜设计

📠 项目概述

项目 12 中详细地介绍了 PLC 控制电路的电气图及 3D 箱柜的设计。在 Eplan 的部件库中没有 PLC 的 CPU，只有在利用远程通信模块的情况下设计 3D 箱柜作为子站和 CPU 远程通信。本项目和前面的两个项目的设计方法有相同之处，也有不同之处，通过本项目进一步学习 PLC 控制电路的设计。

📋 指导性学习计划

学时	4
方法	（1）利用多媒体方式进行学习。 （2）在电脑上完成设计。 （3）讲解和演示相结合讲述电气图的绘制方法。 使用者用 Eplan 软件完成电气图绘制，3D 箱柜的设计，3D 箱柜布线
重点	电气控制原理图的绘制，各种报表的生成，3D 箱柜设计，3D 箱柜布线
难点	3D 箱柜设计
目标	掌握无 CPU 的 PLC 控制电路的电气图的绘制，报表的生成，3D 箱柜的设计，3D 箱柜布线

任务 13.1   电 气 图 设 计

1. 新建项目

运行软件选择"项目"下拉菜单中的"新建"，在出现的对话框中输入"项目名称"，选择"模板"，选择项目"保存位置"，单击"确定"按钮，如图 13-1 所示。

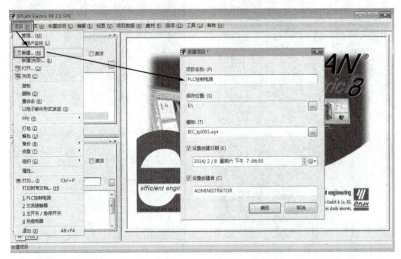

图 13-1   新建项目

单击"确定"后出现"项目属性"对话框，如图 13-2 所示。

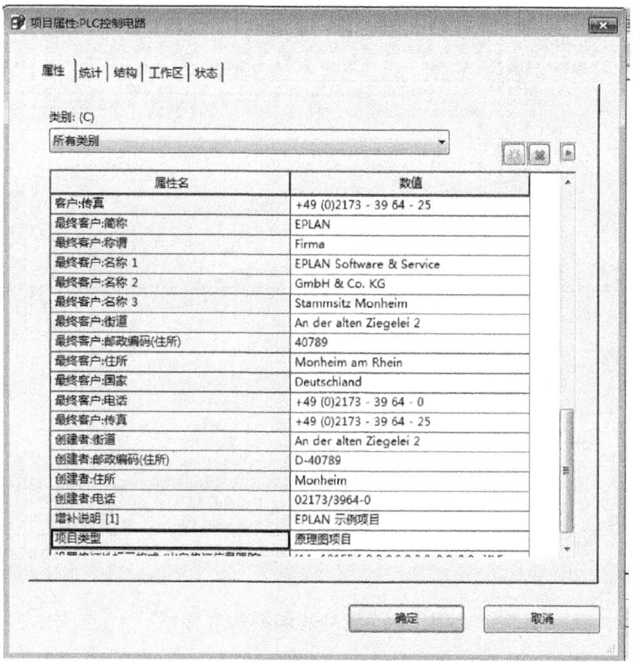

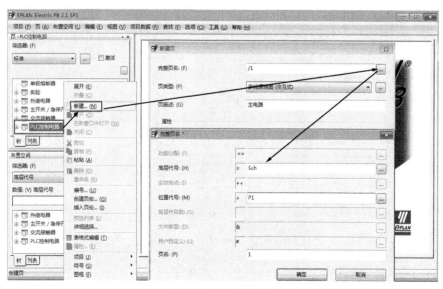

图 13-2　项目属性对话框

输入相关信息，项目类型为"原理图项目"，单击"确定"按钮。项目属性对话框中输入的信息最后将反映到报表中。新建的项目为空项目，设计时将主要图纸存放在项目中。

2. 项目中新建"页"

选择项目名称"PLC 控制电路"单击右键，在出现的快捷下拉菜单中选择"新建"，出现的对话框中输入页描述为"主电路"，高层代号为"Sch"，位置代号为"P1"，单击"确定"按钮，如图 13-3 所示。

图 13-3　主电路属性

单击"确定"按钮后可以绘制原理图，如图 13-4 所示。

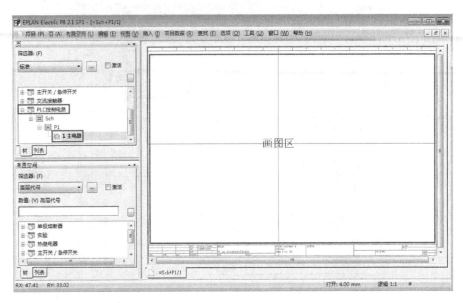

图 13-4　Eplan 的操作界面

3．电源分配电路的绘制

（1）用"黑盒子"绘制电源。

外接的电源是通过某个设备引入的，例如：配电盘、空气开关等，该设备当作黑盒子处理，黑盒子也 Eplan 中设备之一，在无选型的情况下，当作未知设备。

目前假设电源从配电盘引入，选型就为配电盘，黑盒配对的"设备连接点"可以对应配电盘上的接线端子。所设置的配电柜是"三相五线制"，因此插入 5 个"设备连接点"，连接点代号分别为"L1，L2，L3，N，PE"，如图 13-5 所示。

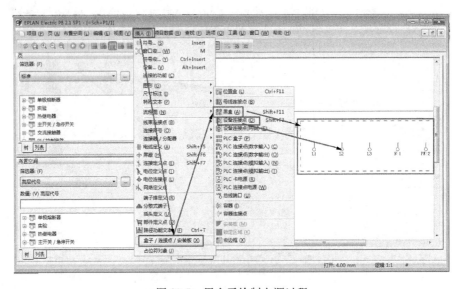

图 13-5　黑盒子绘制电源过程

绘图是在视图工具箱中选择合适的"栅格"，打开"捕捉"开关，设备放在一条线上是自动连线的，如图 13-6 所示。

图 13-6　视图工具箱

设计电路中连接设备的型号很重要，需要花一定的时间了解软件元件库中常用设备的型号、3D 宏、设备的功能等信息，然后列个表格。工具菜单中打开"设备主数据"导航器，通过导航器的搜索窗口中输入"型号"来搜索所需要的设备可以提高设计效率，如图 13-7 所示。

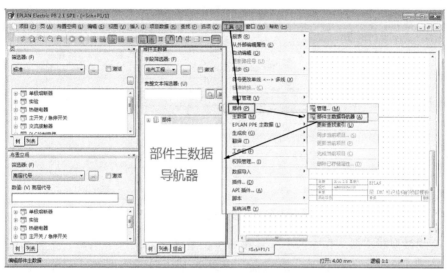

图 13-7　部件数据导航器

（2）绘制 24V 直流电源。需要一个 24V 直流电源给 PLC 供电，用部件数据导航器查找"PXC.2938581"，如图 13-8 所示。

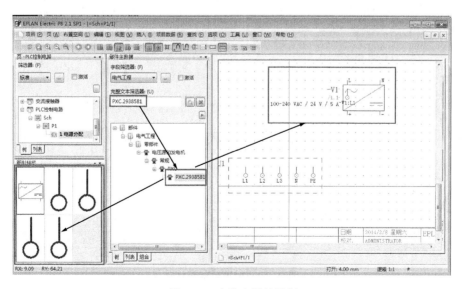

图 13-8　直流电源的绘制

　　将查找出来的部件拖到绘图区，双击符号后出现的对话框中输入引脚信息、设备表示符信息等，如图 13-9 所示。

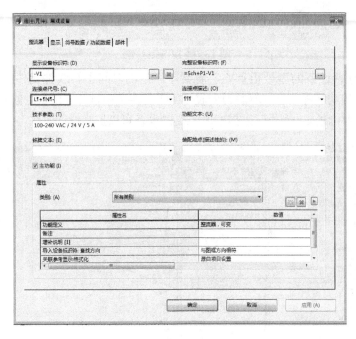

图 13-9　直流电源的属性

　　（3）绘制微型断路器。在电源上端连接一个微型断路器来保护电源，微型断路器的型号为 "SIE.5SX2102-8"，查找的元件拖到直流电源 L 端子对准的地方，元件会自动连线，如图 13-10所示。

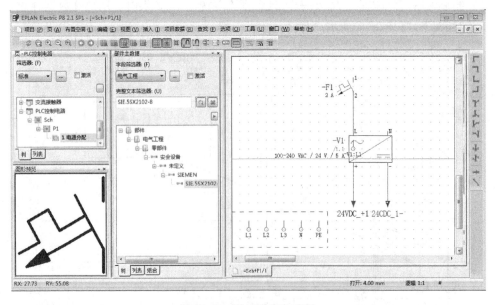

图 13-10　单极微型断路器

（4）连接导线。Eplan 提供了多种连接工具，用这些工具可以非常方便连接导线，如图 13-11 所示。连完导线后选择直流电源，单击右键，多重复制，自动编号后调

图 13-11　连接符号工具箱

整导线的连接，需要一个总开关，开关的型号为"SIE.3LD2 514-0TK53"，如图 13-12 所示。

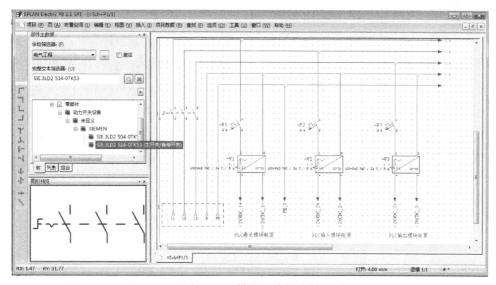

图 13-12　转换开关的绘制

4. PLC 通信模块的绘制

开始设计 PLC 部分，在项目管理器中选择"PLC 控制电路"单击右键，单击"新建"按钮，如图 13-13 所示。

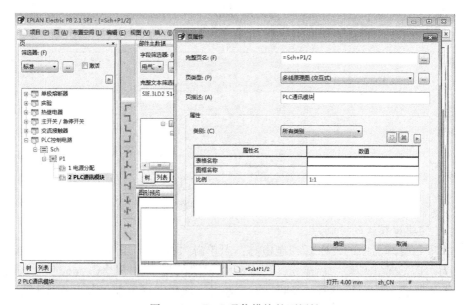

图 13-13　PLC 通信模块的页属性

自动生成完整页名，页描述改为"PLC 通信模块"单击"确定"按钮，Eplan 的部件库中没有 PLC 的 CPU，只有远程通信模块，要设计的箱柜只能作为子站和 PLC 远程通信。PLC 通信模块的型号为"PXC.2862246"，如图 13-14 所示。

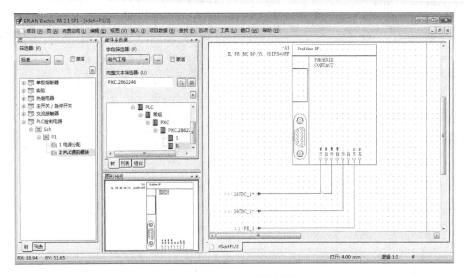

图 13-14　PLC 的页属性

5. PLC 输入模块的绘制

在选择项目管理器中的"PLC 控制电路"上单击"右键"，下拉菜单中选择"新建"，页描述输入为"PLC 输入模块"后确定。PLC 输入模块的型号为"PXC.2861221"，PLC 的输入信号通常由按钮提供，按钮的型号为"SIE. 3SB3201-0AA13"。另外还有一个旋转开关，位置代号为 F（现场放置），如图 13-15 所示。

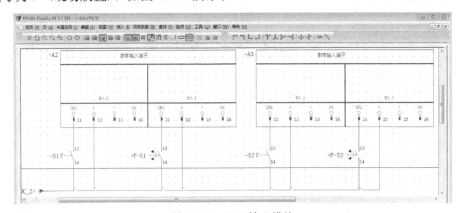

图 13-15　PLC 输入模块

6. PLC 的输出模块的绘制

在选择项目管理器中的"PLC 控制电路"上单击"右键"，下拉菜单中选择"新建"，页描述输入为"PLC 输出模块"后确定。PLC 输出模块的型号为"PXC.2861470"，PLC 的输出端通常不直接连接交流接触器的线圈，而是通过直流中间继电器的触点来控制交流接触器的线圈。本项目为了方便绘制，输出端直接连接交流接触器线圈，接触器的型号为"SIE. 3RT1024-1BB44"。输出还连接了一个运行指示灯，型号为"SIE. 3SB3217-6AA40"，如图 13-16 所示。

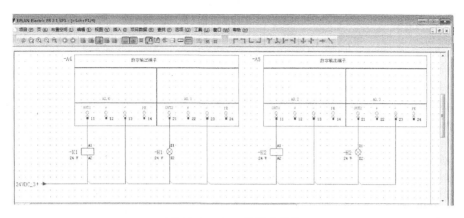

图 13-16 PLC 的输出模块

7. PLC 的编址

PLC 的原理图绘制完后需要 PLC 的输入输出地址进行编辑，如果手动编辑容易出错，所以用 PLC 导航器进行自动编址。选择"项目数据"菜单中的"PLC"，再选"导航器"可以打开"PLC 导航器"，如图 13-17 所示。

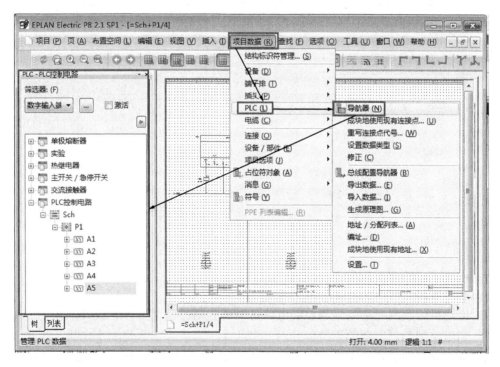

图 13-17 PLC 导航器

PLC 导航器中选中"A2，A3，A4，A5"四个模块，选择"项目数据"菜单中"PLC"，再选择"编址"，在"数字起始地址"处输入"10.0"。PLC 输入输出的地址 10.0 开始，如图 13-18 所示。

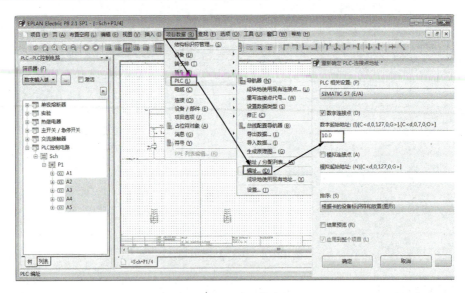

图 13-18 PLC 的编址

编址后单击"确定"可以看到结果，如图 13-19 所示。

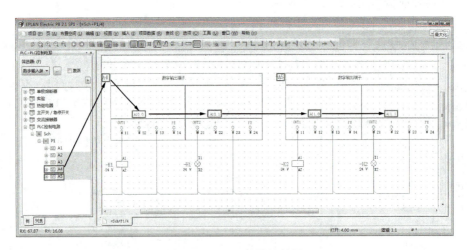

图 13-19 PLC 的编址结果

用 PLC 导航器大范围的对 PLC 进行编址比较方便。

8. 设计主电路

（1）电动机的绘制。主电路和控制电路是不可分割的一个整体，设计电气图时可以分开设计，主电路和控制电路的连接部分用"中断点"表示。水泵是一个电机，保护方面使用"电机保护开关"，其型号分别为"SIE.3RV1021-1JA15"，再插入电机，如图 13-20 所示。

（2）接触器的绘制。在控制电路中已经插入了接触器的"线圈"，所以在设备导航器中打开接触器，直接插入主触点，如图 13-21 所示。

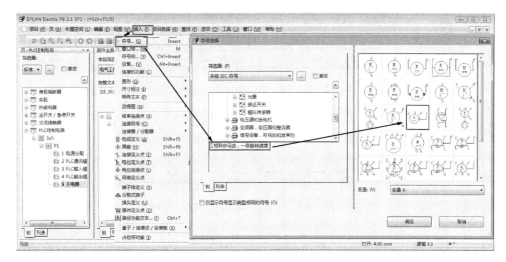

图 13-20　电动机的绘制

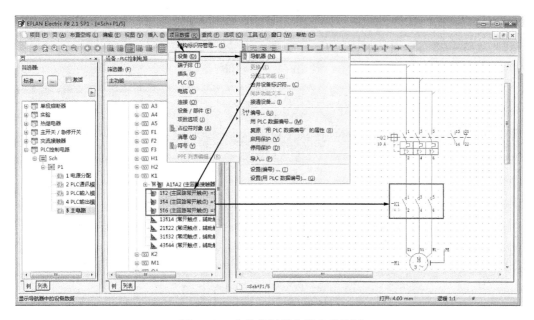

图 13-21　交流接触器主触点的绘制

复制一个同样的回路，第二个交流接触器的文字符号修改为 K2，如图 13-22 所示。

9. 设计端子排

项目数据菜单中选择"端子排"→"导航器"→选择端子排导航器中"PLC 控制电路"→点右键→下拉菜单中选择"新设备端子"→出现的对话框中输入"完整的设备表示符""编号样式"→选择"部件编号"→单击"确定"按钮，如图 13-23 所示。

端子排导航器中选择"端子"，拖放到原理图中插入端子的位置，如图 13-24 所示。

新建一个端子排，如图 13-25 所示。

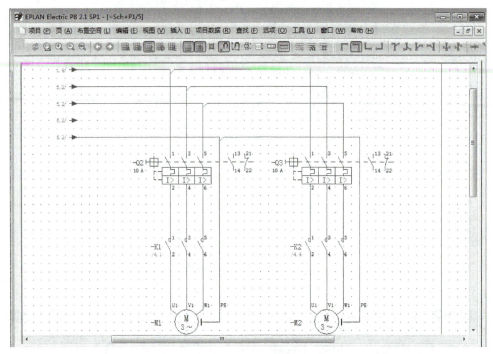

图 13-22　复制电路

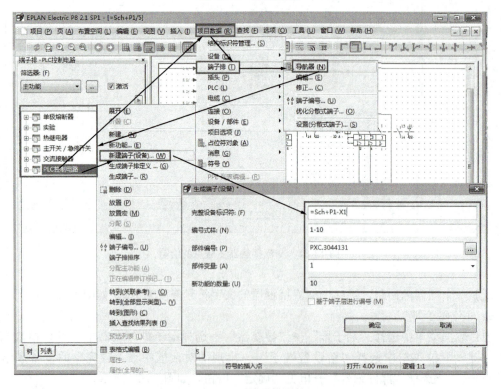

图 13-23　端子排属性

所有弱电需要端子的地方插入 X2 端子排的端子。设计主电路中的端子排并插入到电路中，如图 13-26 所示。

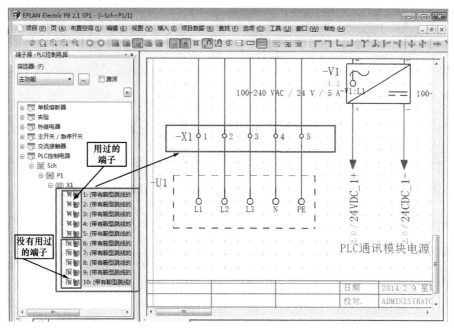

图 13-24　插入端子

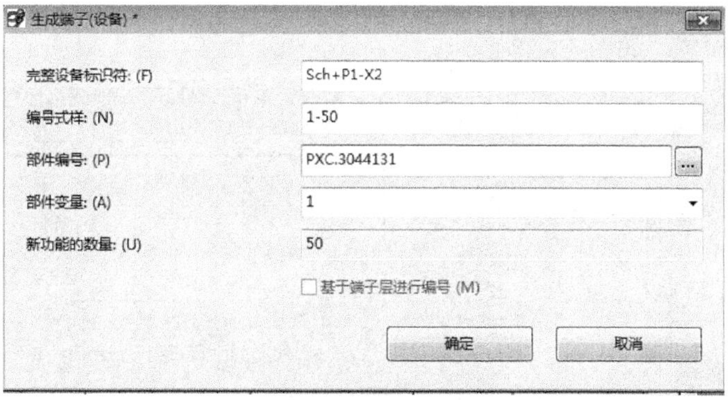

图 13-25　第二个端子排的属性

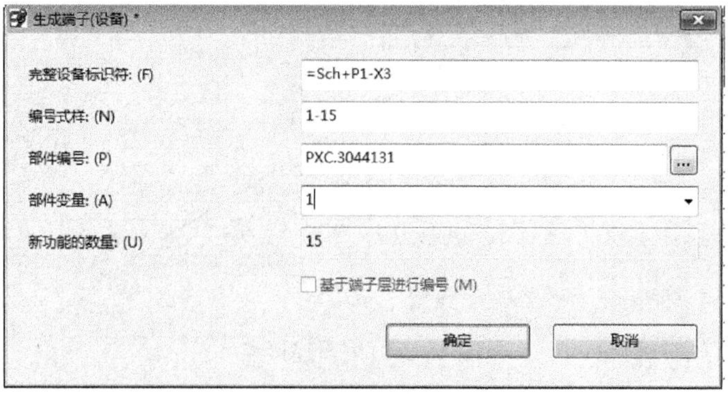

图 13-26　主电路的端子排属性

10. 编辑导线编号

选择项目管理器中"PLC控制电路"下方的"P1"→选择"项目数据"菜单→"连接"
→"编号"→"放置"→选择"基于连接"→单击"确定"按钮。如图 13-27 所示。

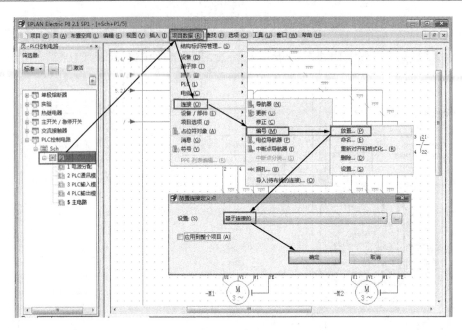

图 13-27　定义连接点

选择项目管理器中"PLC 控制电路"下方的"P1"→选择"项目数据"菜单→"连接"→"编号"→"命名",如图 13-28 所示。

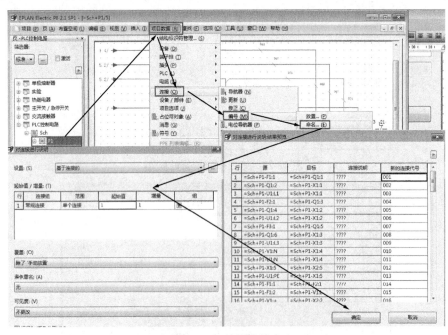

图 13-28　编辑连接点

任务 13.2　生成各种报表

1. 报表输出

所有的报表均会一键生成。选择"工具"菜单→"报表"→"生成"→"新建",如

图 13-29所示。

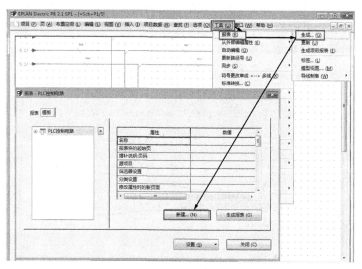

图 13-29　报表的生成过程

选择"新建"→单击"确定"→输入"高层代号"→单击"确定",如图 13-30 所示。

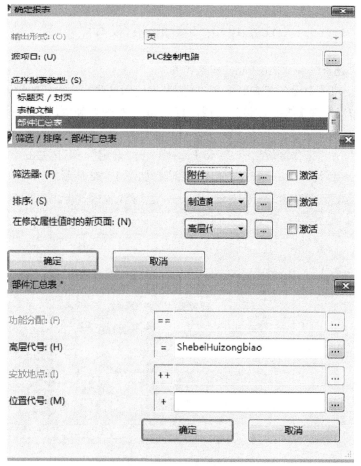

图 13-30　报表属性

同样的方法建立"部件列表""端子图标""连接列表""设备连接图"等表。用 Eplan 生成各种报表很简单，但是生成报表适合在电脑上看，不适合插入到书稿中。生成报表后以 PDF 格式或图形的形式提供给用户。

2. 设计导线的规格和颜色

选择"选项"→"设备"→"项目"→"PLC 控制电路"→"连接"→输入导线规格和颜色信息，如图 13-31 所示。

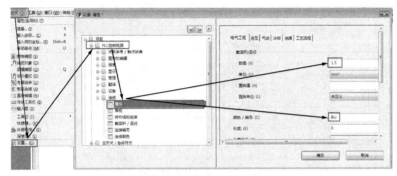

图 13-31　修改导线的规格和颜色

没有特殊作用的线全部用 1.5mm² 的线。

任务 13.3　3D 箱 柜 设 计

1. 打开 3D "视角"和"Pro Panel 布线工具"

前面设计的原理图中设备都有型号和 3D 信息，使用这些非常方便的设计 3D 箱柜。本设计中的箱柜 3D 布局之前需要更改设计区域，打开 3D "视角"和"Pro Panel 布线工具"。

2. 更改设计区域

选择"视图"→"工作区域"→"Pro Panel"→"确定"，工具栏的空白处单击右键→下拉菜单中选择"3D 视角"→"Pro Panel 布线"。如图 13-32 所示。

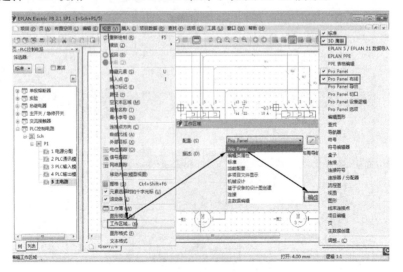

图 13-32　更改工作区

3. 新建 3D 布置空间

布置空间中选择"PLC 控制电路"单击右键→"新建"→"确定",如图 13-33 所示。

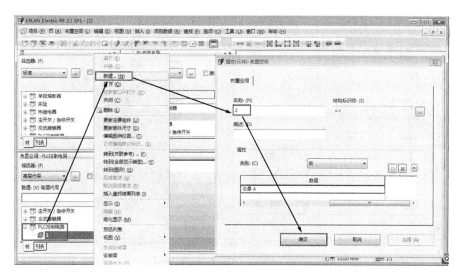

图 13-33 3D 空间属性

4. 布置空间中插入箱柜

布置空间中选择"PLC 控制电路"下的空间名称"1"→"插入"→"箱柜"→选择合适的箱柜尺寸→单击"确定"按钮,如图 13-34 所示。

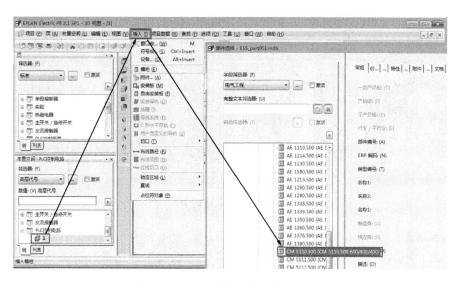

图 13-34 3D 空间中要插入的箱柜尺寸

选择的箱柜拖放到 3D 布置区的合适的位置单击左键确定后单击右键取消操作。如图 13-35 所示。

5. 选择安装板

点开布置空间中"PLC 控制电路"前的加号→单击"1"前的加号→单击"S1:箱柜"前的加号→选择"S1:安装板"单击右键→"转到(图形)"→3D 视角工具箱中点"前视

图", 如图 13-36 所示。

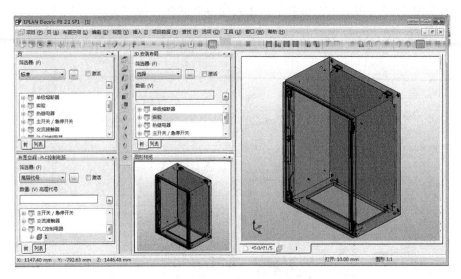

图 13-35　3D 空间中插入的箱柜

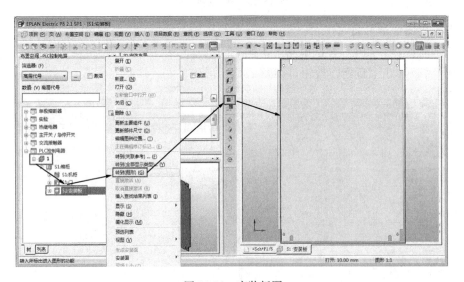

图 13-36　安装板图

6. 插入线槽

布置空间中选择"S1: 安装板"→"插入"→"线槽"→选择合适的线槽尺寸, 如图 13-37 所示。

安装板上安装线槽和导轨。安装线槽和导轨的方法类似, 本项目中线槽选择"30×40", 导轨选择"35×7.5", 安装结果如图 13-38 所示。

7. 安装板上安装电器设备

打开 3D 安装设备导航器。为使 3D 布置区域尽量大, 可关闭其他导航器后打开 3D 安装设备导航器。选择"项目数据"→"设备/部件"→"3D 安装布置导航器"。如图 13-39 所示。

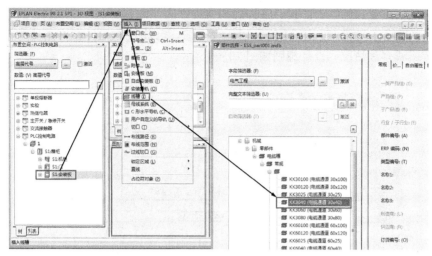

图 13-37　线槽尺寸

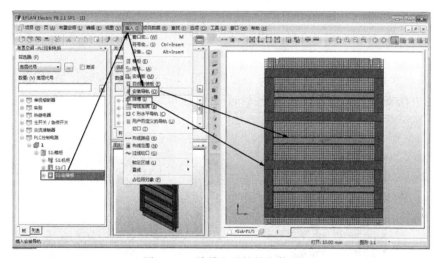

图 13-38　线槽和导轨的安装图

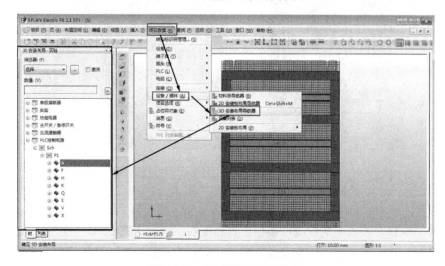

图 13-39　3D 安装布置导航器

放置元件可以使用筛选器。设计筛选规则为位置代号为 1，只显示位置代号为 P1 箱柜的元件，其他的隐藏。部件/数量（未放置 3D）等于 1，已放置的元件在筛选器中消失。这样不会出现放错或多放情况，设计规则如图 13-40 所示。

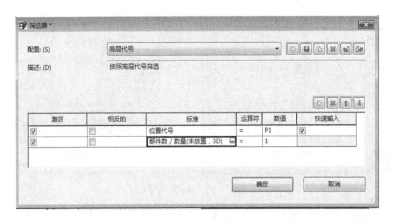

图 13-40   设计规则

3D 安装布置导航器中设备拖放到安装导轨上可以完成设备的安装，如图 13-41 所示。同样的方法安装"S1：门"上的按钮和灯，设计布线路径，如图 13-42 所示。

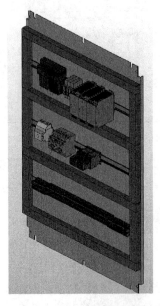

图 13-41   安装导航上的
设备安装图

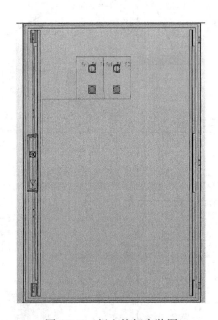

图 13-42   门上按钮安装图

门上的导线和安装板上的导线用路径工具连接在一起，如图 13-43 所示。

显示箱柜，选中箱柜内的所有设备，单击"Pro Panel 布线"工具箱中的布线工具可以看到布线结果，如图 13-44 所示。

放大观察 3D 箱柜布线图可以发现，转换开关和电机保护开关上只有一根线，这些设备的 3D 设备的连接点有问题，修改这些连接点后重新布线，如图 13-45 所示，3D 箱柜的前视图 13-46 所示，放大观察效果图 13-47 所示。

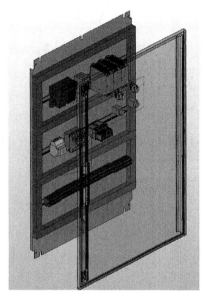

图 13-43　按钮的走线路径和
安装板的连接图

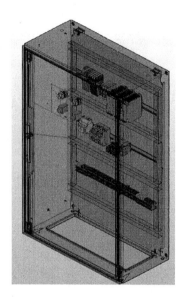

图 13-44　3D 箱柜布线图

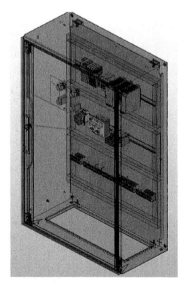

图 13-45　修改转换开关和
电机保护开关的连接点 3D 箱柜图

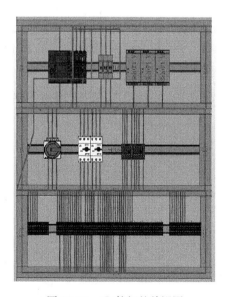

图 13-46　3D 箱柜的前视图

如图 13-48～图 13-52 所示是本项目完整的原理图，仅供大家参考。

图 13-47　放大观察效果图

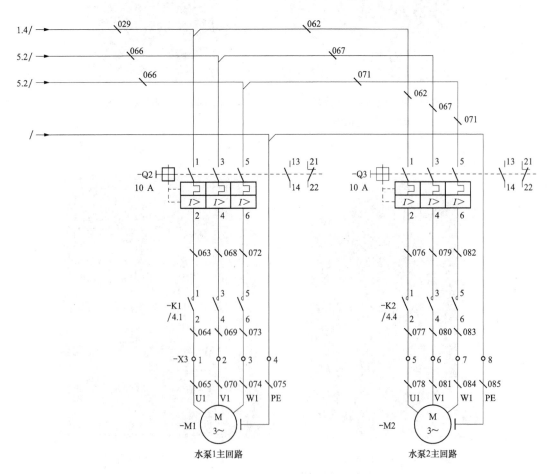

图 13-48　PLC 控制的水泵的主电路图

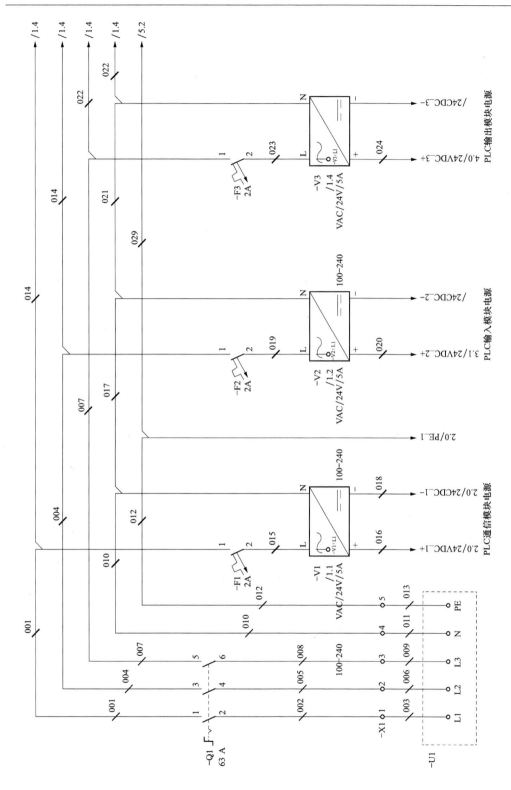

图13-49　图的电源分配图

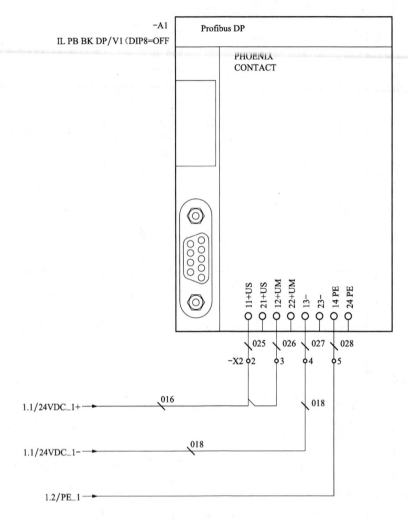

PLC通信模块

图 13-50　PLC 的通信模块

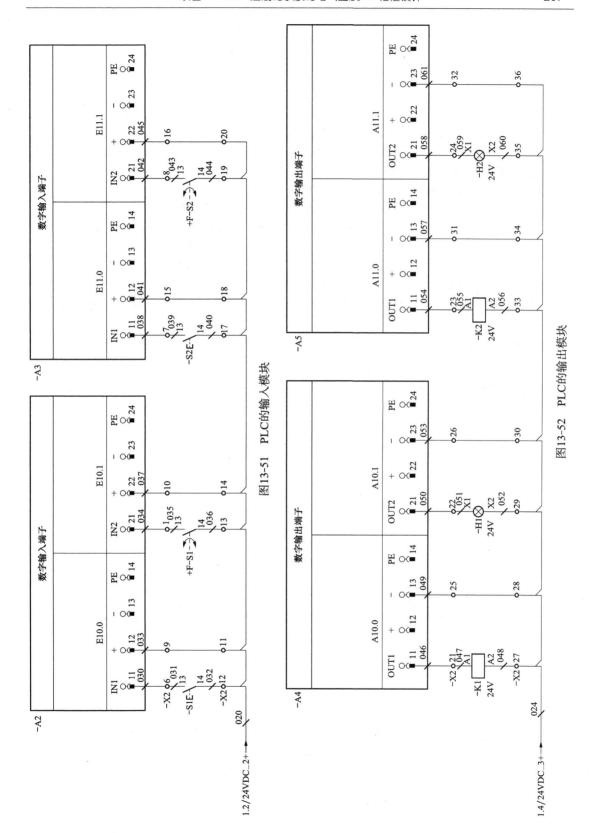

图13-51　PLC的输入模块

图13-52　PLC的输出模块

参 考 文 献

[1]　艾克木·尼牙孜，葛跃田 . 电子与电气 CAD 实训教程［M］. 北京：中国电力出版社，2008.
[2]　艾克木·尼牙孜，葛跃田 . 电气制图技能训练［M］. 北京：电子工业出版社，2010.
[3]　王玉梅，姜杰 . 3ds Max 2009 中文版效果图制作从入门到精通［M］. 北京：人民邮电出版社，2010.
[4]　时代印象 . 中文版 3ds Max 2012 实用教程［M］. 北京：人民邮电出版社，2012.
[5]　舒飞 . AutoCAD2009 电气设计［M］. 北京：机械工业出版社，2009.
[6]　徐春霞，艾克木·尼牙孜 . 维修电工［M］. 北京：机械工业出版社，2010.
[7]　李显全 . 维修电工（初级、中级、高级）［M］. 北京：中国劳动社会保障出版社，2008.
[8]　赵家礼 . 图解维修电工操作技能［M］. 北京：机械工业出版社，2006.
[9]　张运波，刘淑荣 . 工厂电气控制技术 . 2 版 .［M］. 北京：高等教育出版社，2007.
[10]　杨后川等 . 三菱 PLC 应用 100 例［M］. 北京：电子工业出版社，2011.
[11]　西门子（中国）有限公司自动化驱动集团 . 深入浅出：西门子 S7-200PLC. 3 版 .［M］. 北京：北京航空航天大学出版社，2007.
[12]　天津电气传动设计研究所 . 电气传动自动化技术手册 . 3 版 .［M］. 北京：机械工业出版社 .2011.